Alberi e boschi sono vere medicine

Serva me, servabo te

Ugo Corrieri

Title: Alberi e boschi sono vere medicine

Serva me, servabo te

ISBN: 979-8-88676-747-6

Author: Ugo Corrieri

Cover image: https://pixabay.com/

Publisher: Generis Publishing
Online orders: www.generis-publishing.com
Contact email: info@generis-publishing.com

Ugo Corrieri

Alberi e boschi sono vere medicine

Serva me, servabo te

Marina di Grosseto, la Pineta del Tombolo
Oasi San Felice, Sito SIC SIR ZPS ZSC "Natura 2000"

a Patrizia,

senza la quale nulla sarebbe avvenuto...

"Serva me, servabo te"
(Gaio Petronio Arbitro)

"Siamo alberi che camminano e non lo sappiamo...
...mentre le piante sono umani con foglie e radici e lo sanno"
(Peter Tompkins e Christopher Bird)

"Il bosco guarisce senza che si debba fare niente, ti include,
ed essere un pezzetto di qualcosa di piú grande fa entrare
in una misura che distribuisce farmaci senza nome"
(Chandra Livia Candiani)

INDICE

PREFAZIONE

Parlare di Medicina forestale, sia pure per la sola presentazione di un libro, è impresa non facile. L'argomento è indubbiamente affascinante e non vi è dubbio che il contatto con i boschi, "l'immersione in foresta" come viene tradotto l'inglese Forest bathing, possa arrecare significativi benefici alla salute psicofisica dell'individuo. Tuttavia, si tratta di una disciplina ancora acerba sicché sostenerne acriticamente la validità comporta il rischio di peccare di superficialità. Anche perché gli studiosi seri della materia sono relativamente pochi mentre si stanno moltiplicando le schiere di esperti improvvisati che non temono di associarla alle varie naturopatie, medicine vibrazionali, cristalloterapie, fluidi magnetici e così via. Per contro, un giudizio impostato sullo scetticismo nei confronti della tematica, o peggio ancora un reale pregiudizio, potrebbe essere un errore clamoroso come tante volte è avvenuto in campo scientifico. Sono famosi in tal senso casi come quelli di Faraday, dei fratelli Wright o di Louis Pasteur, anche se per quest'ultimo più che lo scetticismo, fu l'invidia dei colleghi a mettere in discussione le sue scoperte e in cattiva luce lo scienziato.

Occorre, quindi, fare un po' di chiarezza su alcuni principi di base, sia con riferimento alle terapie forestali in quanto tali, sia con riferimento agli operatori.

Alla base della medicina forestale vi sono le osservazioni di alcuni studiosi, tra cui Qing Li, Kanehisa Morimoto e Yoshifumi Miyazaki, che per primi hanno affrontato con metodo scientifico gli effetti dello Shinrin-yoku, il bagno in foresta. Questi autori, e diversi altri dopo di loro, hanno condotto numerosi esperimenti che dimostrano come il "frequentare" i boschi produca reali modificazioni nell'organismo, a livello cellulare e sistemico, che si traducono in condizioni di maggior benessere psico-fisico e potrebbero perciò avere effettivo valore terapeutico. Il problema che però non ha ancora trovato soluzione è quello della distinzione tra psiche e soma, come peraltro avviene nella stessa medicina tradizionale. I benefici che l'uomo trae dai bagni in foresta sono di natura prevalentemente psicologica o fisica? Per essere più precisi: fino a che punto non si tratta di effetto placebo? Come deve essere affrontata la disciplina? Potrebbero sembrare aspetti secondari, ma sono ostacoli enormi che si pongono sul cammino degli studiosi perché implicano, tra l'altro, scontri tra categorie professionali e interessi economici non trascurabili.

È certo, anzi è stato finalmente accertato, che le piante producono ed emettono una ricchissima serie di segnali visivi, chimici, elettromagnetici ed acustici con cui interagiscono tra loro e con il mondo circostante, compresi batteri, funghi e animali inferiori e superiori. Appare ovvio, perciò, che tali segnali vengano ricevuti anche dagli uomini che, tuttavia, sembrerebbero averne perso consapevolezza. Ma il punto è questo: se è ammissibile che i segnali chimici, ossia terpeni e altre molecole emesse dalle piante, possano agire direttamente sulla biochimica umana, altri segnali sono raccolti a livello sensoriale, financo emotivo, e forse investono di più la sfera psichica. Come discernere i due ambiti, ammesso che sia possibile?

Ancora più complesso è il problema legato alle foreste. I medici e gli psicologi che si stanno occupando di medicina forestale finora hanno mostrato un'incredibile superficialità nel trattare l'aspetto foresta, con una tendenza a considerare tali cenosi come se fossero tutte uguali tra loro indipendentemente dalle caratteristiche ambientali della stazione considerata o del tipo di selvicoltura, quando applicata. Si arriva al punto di mettere sullo stesso piano foreste, parchi e giardini e in alcuni casi si ipotizza di superare tali macroscopiche differenze attraverso la comparazione di dati raccolti attraverso la somministrazione di questionari! D'altra parte, si osservano laureati in scienze forestali che, totalmente privi di una cultura biologica che vada oltre quella vegetale applicata, non si peritano di disquisire delle facoltà terapeutiche dei boschi. Insomma, si arriva al paradosso di medici che discutono di foreste pur avendo difficoltà a distinguere un ceduo da una fustaia e forestali che avanzano proposte terapeutiche mentre resterebbero interdetti venendo a sapere che il timo non è solo una pianta. Per non parlare di altre categorie di sedicenti esperti che non si sa in quale accademia abbiano acquisito l'esperienza che vantano.

È pur vero che in natura tutto ci lega e si ripete, basta saper riconoscere il numero φ, come dimostrato da Pitagora ed Euclide, ma dalla sapiente interpretazione del numero aureo alla cura del cancro con le campane tibetane lo scivolone è sempre in agguato. Ecco perché non stupisce, ma preoccupa l'abbondanza di libri che trattano di Forest Bathing. Solo in Italia negli ultimi cinque anni ne sono stati pubblicati almeno tredici e alcuni di questi risultano davvero pretenziosi a fronte del magro contenuto offerto.

Il testo di Ugo Corrieri, pur rimanendo un testo divulgativo, o perlomeno accessibile a tutti, si discosta dalla manualistica corrente per il rigore nella scelta delle fonti informative, che rivela la sua formazione scientifica in campo medico e psicologico, e per l'impostazione del discorso sulle relazioni pianta-uomo che parte dalla disamina delle strutture sensoriali animali e vegetali, molto più simili tra loro di quanto si potrebbe immaginare. È la necessaria premessa per parlare di trasmissione di segnali, di dialoghi tra specie diverse e anche di intelligenza vegetale. L'organizzazione generale del libro, inoltre, svela l'interesse profondo e il grande attaccamento dell'autore al mondo forestale. Nella prima parte, infatti, descrive l'importanza dei boschi e delle piante per la vita sul pianeta, dei grandi benefici che l'uomo trae dalle piante e quelli che potrebbe ancora ricevere. Nella seconda, denuncia la stupidità umana e la sua miserabile avidità raccontando la triste sorte che stanno subendo i boschi italiani e perfino gli alberi di città a causa di leggi sballate e di una narrativa disonesta e fuorviante sulle modalità di gestione dei boschi che li indica come destinati a morire se non assoggettati a tagli periodici, la cosiddetta "gestione attiva" delle foreste.

Considerando tutto ciò che sta avvenendo, il motto di Petronio "Serva me, servabo te", "salvami e io ti salverò", che campeggia nel logo dell'Accademia Italiana di Scienze Forestali e che Corrieri riprende come sottotitolo del suo libro, non poteva essere scelto meglio. Non sappiamo se con voluta ironia.

Bartolomeo Schirone
Professore ordinario di Selvicoltura e Assestamento forestale
Università della Tuscia

INTRODUZIONE

Questo libro trae origine dalle lezioni di Medicina Forestale che ho tenuto nell'Anno Accademico 2021/2022 presso l'Università della Tuscia, sede di Rieti, nel Corso di Laurea in Scienze della Montagna. Si divide in due parti, che prendono nome dal motto che Petronio, nel Satyricon, dedica al tema del reciproco aiuto.

Nella prima parte vedremo come alberi e foreste rendano possibile la nostra vita sulla terra, ci donino numerosi benefici che troppo spesso ignoriamo e anche adesso, di fronte agli sconvolgenti cambiamenti climatici a cui stiamo assistendo, ci potrebbero, forse solo loro, salvare.

Non è necessario leggere i capitoli nell'ordine in cui sono presentati. Ogni capitolo illustra uno specifico argomento e gli unici che è consigliabile leggere di seguito sono quelli dal quarto al nono, che formano un corpo unico e costituiscono il cuore del volume: ci presentano gli effetti benefici di alberi e foreste e in particolare come siano delle vere medicine per noi esseri umani; spiegano come sia nata e che cosa sia oggi la Medicina forestale, in Italia e nel Mondo; chiariscono quali siano i principi di una efficace immersione in foresta.

Per il resto, il primo capitolo spiega come le piante, nutrendosi di acqua, sali minerali e anidride carbonica ed emettendo come prodotto di scarto l'ossigeno, abbiano arricchito l'atmosfera terrestre del 21% di questo prezioso gas che rende possibile a noi animali di respirare: senza le piante, noi non ci saremo.

Il secondo capitolo tratta un argomento che mi è molto caro: come avviene in noi esseri umani la conoscenza. Il cervello di ognuno, sotto influenza di stimoli esterni che gli giungono sempre e solo indirettamente sotto forma di segnali elettrici che corrono all'interno dei neuroni e di segnali chimici negli spazi sinaptici interneuronali, crea una sua realtà che per quell'individuo rappresenta l'unica Realtà conoscibile. In questo modo, si creano tante Realtà per quanti cervelli viventi in quel momento esistono e per la inevitabile diversità tra i cervelli, diversità sempre presente anche tra cervelli di gemelli omozigoti, tra di noi ci sono tante Realtà che mai completamente si sovrappongono e c'è sempre qualcosa di inconoscibile a noi stessi che esiste nell'incontro con l'altro. Tuttavia, una mente da sola non può esistere, i cervelli sono necessariamente in contatto tra loro in gruppi e sottogruppi (ed oggi anche nel villaggio globale, possibile tramite

Internet) e co-creano di fatto continuamente delle nuove Realtà condivise: che continuamente si incontrano e talora scontrano con altre Realtà condivise da altri gruppi e sottogruppi, influenzandosi e modificandosi vicendevolmente in quel processo che è la Storia umana, all'interno della quale avviene quello specifico fenomeno costituito dalla conoscenza scientifica, che altro non è che la continua ricerca e scoperta di regolarità, condivise tra più cervelli. Processo sempre parziale e continuamente in fieri, secondo l'ottica della complessità.

Nel terzo capitolo riporto una serie di evidenze scientifiche che mostrano come le piante siano esseri viventi senzienti: vedono, odono, percepiscono, hanno volontà, memoria, capacità di scelta e comportamenti intelligenti, tra i quali distinguere tra amici e nemici, improntare strategie di difesa da questi ultimi, addirittura avere la capacità di imitare altre piante.

Il capitolo decimo, come corollario del corpo centrale, spiega come le piante possano addirittura salvarci dagli attuali cambiamenti climatici.

Nella seconda parte cerco di mostrare come, invece di prenderci cura dei nostri salvatori, noi umani, spesso per miopi calcoli di immediata convenienza, corriamo il rischio di distruggere gli unici esseri viventi che potrebbero rappresentare l'assicurazione non solo per il nostro benessere, ma anche per la nostra stessa esistenza.

Nel capitolo numero dodici racconto in estrema sintesi una vicenda personale, la mia, nella quale però molti altri cittadini e comitati di varie parti d'Italia suppongo che si possano variamente riconoscere. Nel mio caso, dico di quando dal 2010 sia andato a vivere per scelta in una pineta mista di pini domestici e marittimi, praticamente sul mare e di come, a partire dal 2012-2013, abbia iniziato ad assistere a una serie crescente di tagli di centinaia e nel tempo di migliaia di alberi. Tagli che mi apparivano spesso inspiegabili perché nella maggioranza dei casi i pini che vedevo tagliare apparivano in buona salute, cioè privi di segni e sintomi di patologie ai miei occhi di profano, che cercava in tutti i modi di documentarsi e di chiedere informazioni ad esperti. Vicenda che nel tempo ha portato a costituire il gruppo informale di cittadini "Salviamo le Pinete!"; a commissionare consulenze tecniche ad esperti Forestali terzi per verificare le effettive condizioni degli alberi e della pineta; a vincere un bando dell'Autorità alla Partecipazione della Regione Toscana realizzando il Processo partecipativo biennale "Pineta bene comune" che ha portato alla nascita del "Tavolo Permanente di Amministrazione e di Governo della Pineta"; infine, di fronte a un nuovo Piano Antincendio Boschivo che prevedeva un notevole taglio della biomassa arborea e del sottobosco per prevenire incendi massivi, grazie alla collaborazione con Italia Nostra nazionale, LAC regionale e WWF provinciale, a presentare e vincere un Ricorso Straordinario al Capo dello Stato che ha sancito come sia fondamentale il vincolo paesaggistico per la tutela dai tagli delle foreste protette. Questo principio è stato definitivamente confermato dalla sentenza della Corte Costituzionale n. 239 pubblicata in Gazzetta Ufficiale lo scorso 30.11.2022, che stabilisce come l'autorizzazione della Soprintendenza ai beni paesaggistici, per poter tagliare boschi protetti dal vincolo, sia in ogni caso indispensabile.

Il capitolo tredici illustra la preoccupante tendenza a tagli continui di alberi nelle nostre città e nelle nostre campagne per i più vari e spesso discutibili motivi e di come in tutto il Mondo negli ultimi decenni vi sia una progressiva perdita della copertura arborea. Anche in Italia, sebbene venga surrettiziamente sostenuto che le foreste stiano aumentando, in realtà si tratta semplicemente della crescita ed estensione di arbusti nei terreni agricoli che vengono via via abbandonati e soprattutto, in basi a dati ufficiali nazionali di ENEA e GSE, la quantità complessiva di biomasse forestali bruciata ogni anno per produrre energia elettrica e calore risulta quasi doppia di quella stimata disponibile annualmente nel nostro Paese. In altre parole, stiamo tagliando e bruciando molto più di quanto sia sostenibile, come ci conferma anche il calcolo dell'Overshoot Day, cioè del giorno in cui finisce la capacità delle risorse (cibo, fibre, legname, capacità di assorbire il carbonio ecc.) di rinnovarsi nell'arco di un anno. In Italia, nel 2022, l'Overshoot Day è stato il 15 maggio; dal 16 maggio abbiamo consumato nell'anno 2022 più di quanto potesse rigenerarsi.

Manca un capitolo quattordici, dove avrei voluto descrivere come, in base a calcoli recentemente effettuati da amici esperti Forestali, sia possibile proteggere fino alla metà delle attuali foreste italiane, permettendo la loro evoluzione a foreste naturali, di cui abbiamo assoluto bisogno per il benessere nostro e del Pianeta. Lascio questo fondamentale argomento a future pubblicazioni su come conservare, proteggere e restaurare i nostri amici alberi e le loro comunità di boschi e micorrize.

In appendice, infine, presento la tecnica posturale di cammino, molto importante ed estremamente benefica, del Nordic Walking e in particolare dello "SmartWalk", con l'uso di bastoncini specificamente dedicati ("curve"), tecnica che può sinergicamente ampliare gli effetti di benessere psicofisico dell'immersione in foresta.

Tra le molteplici persone che dovrei e vorrei ringraziare per l'aiuto e il sostegno che mi hanno fornito, mi limito a citare qui la mia compagna Maria Patrizia Latini, senza la quale nulla sarebbe stato possibile; l'amico Roberto Romizi, che mi ha accolto in ISDE-Medici per l'Ambiente, permettendomi di esserne il Coordinatore per il Centro Italia e di interessarmi approfonditamente di ambiente e salute; il Prof. Bartolomeo Schirone, fondatore del Corso di Laurea in Scienze della Montagna, che ringrazio per la sua preziosissima amicizia; il Prof. Mario Pagnotta, attuale Presidente del Corso di Laurea in Scienze della Montagna, che parimenti ringrazio per la sua amicizia e per il supporto che mi ha dato come Professore a Contratto di Medicina Forestale per l'A.A. 2021/22.

Ringrazio gli alberi per quello che mi danno ogni volta che cammino in un bosco.

Prima parte: Servabo te

1. LE PIANTE SONO VITA E DANNO VITA

In base alle attuali conoscenze, la Terra è nata 4,560 miliardi di anni fa, quando della polvere interstellare si è condensata in vari pianeti intorno al Sole e quasi subito sul nostro si è sviluppata la vita: una recente scoperta[1] pubblicata su Proceedings of the National Academy of Sciences of the United States of America (PNAS) ha trovato tracce biologiche di carbonio dentro uno zircone datato ben 4,1 miliardi di anni. A circa 3500 milioni di anni fa risalgono i primi reperti dei più antichi organismi unicellulari, con struttura molto semplice, denominati "procarioti", che per oltre un miliardo di anni, come oggi sappiamo, sono stati gli unici abitanti della Terra.

Inizialmente l'atmosfera terrestre era costituita da azoto, anidride carbonica in grande quantità e acqua. All'origine l'ossigeno non era presente e le prime forme di vita si sarebbero quindi formate in condizioni di anaerobiosi, sotto forma di aggregazioni dei gas atmosferici in molecole sempre più complesse. La porzione vegetale dei procarioti, costituita dai cianobatteri, a un certo punto ha iniziato a utilizzare meccanismi di fotosintesi: usando l'energia della radiazione solare e partendo dall'acqua e dall'anidride carbonica, allora molto abbondante, hanno cominciato a produrre zuccheri e ossigeno, fondamentale per la vita di noi animali che lo utilizziamo nei nostri processi respiratori, emettendo come scarto anidride carbonica, la quale viene riutilizzata dalle piante, chiudendo così un prezioso circolo virtuoso. Inizialmente, nei primi 3 miliardi di anni, le piante si sono diffuse nell'acqua dei mari e dei laghi del Criptozoico e Proterozoico.

Circa 500 milioni di anni fa, 100 milioni di anni prima di quanto si pensasse in precedenza, le piante hanno iniziato a colonizzare la Terra[2,3], durante l'esplosione di vita del Cambriano, all'epoca dei primi animali terrestri.

"Immagina se gli alberi fornissero WIFI gratuito: li pianteremmo ovunque come pazzi. E'un peccato che essi forniscano solo l'ossigeno che respiriamo" (Anonimo)

Tra 419 e 358 milioni di anni fa, durante il periodo Devoniano, si sono poi formate le prime grandi foreste del pianeta. Producendo enormi quantità di ossigeno e sottraendo grandi quantità di anidride carbonica dall'atmosfera, hanno trasformato il clima della Terra, cominciando a rendere possibile la vita per come la conosciamo noi.

Vediamo meglio cosa sono le piante. La caratteristica fondamentale di tutti gli esseri viventi è quella di utilizzare energia per alimentare i loro processi vitali, tra i quali la sintesi delle molecole organiche di cui necessitano; questa energia viene ricavata dall'ambiente in cui vivono, attraverso quel processo che prende nome di "nutrimento".

In base a come si nutrono, possiamo distinguere tra organismi vegetali, definiti "autotrofi", che generano da soli le molecole organiche di cui hanno bisogno attraverso il procedimento della fotosintesi clorofilliana e organismi animali, definiti "eterotrofi", che si cibano del materiale organico prodotto da altri organismi viventi. Gli eterotrofi vengono distinti in erbivori, o consumatori primari, che si cibano del materiale organico prodotto dalle piante e carnivori, o consumatori secondari, che si nutrono del materiale organico prodotto da altri animali; gli onnivori si nutrono di entrambi.

La divisione dei viventi in due "regni", vegetale e animale, fu introdotta nel XVIII° Secolo da Carlo Linneo e ha il pregio della semplicità e chiarezza. Nella incessante evoluzione della conoscenza scientifica, oggi siamo giunti a dividere il mondo vivente in due "domini", Eucarioti e Procarioti, che a seconda dei vari Autori[4,5] contengono 6, 7 o più "regni", ma la distinzione di Linneo rimane valida per i nostri scopi: le piante usano l'energia del sole, che viene catturata dai loro pigmenti (clorofilla e carotenoidi) e per mezzo della fotosintesi trasformano sostanze inorganiche in sostanze organiche, in particolare per mezzo delle foglie assumono anidride carbonica dall'aria e con le radici assumono acqua e sali minerali dal terreno e trasformano tutto quanto in zuccheri, che usano per i loro processi vitali e in ossigeno, che rilasciano in atmosfera. Noi respiriamo l'ossigeno che emettono le piante e ci nutriamo delle molecole organiche prodotte sia direttamente dalle piante, sia dagli animali che di esse si cibano. I vegetali, quindi, ci danno tutto quello di cui abbiamo bisogno: aria ben ossigenata per respirare, buon cibo di cui ci nutriamo e, come vedremo più avanti, addirittura favoriscono il nostro benessere psicofisico, ci proteggono dalle malattie e ci aiutano a superarle quando ci ammaliamo.

In cambio ci chiedono molto poco, semplicemente che le lasciamo vivere.

Troppo spesso, purtroppo, ce ne dimentichiamo.

Santa Ildegarda di Bingen, su una vetrata dell'abbazia di Eibingen, a lei dedicata

Ildegarda di Bingen (1098-1179), monaca benedettina, mistica, profetessa, teologa, filosofa, cosmologa, scrittrice, linguista, artista, poetessa, musicista, drammaturga, guaritrice, medico, erborista, naturalista, gemmologa nonché consigliera politica di Federico Barbarossa, fu una delle personalità più geniali e poliedriche del medioevo, una sorta di Leonardo da Vinci medioevale, femminile e femminista; recentemente (2012) è stata proclamata "Dottore della Chiesa" da Papa Benedetto XVI e si potrebbe considerare la Santa protettrice di alberi e foreste. Ildegarda, infatti, coniò il termine "Viriditas", una forma ignota di energia spirituale, mantenuta addensata e ancora inespressa nei germogli di colore verde e sostanziata nel loro colore, che lei riteneva alla base della vita e che approfondì diffusamente nei suoi scritti attraverso i vari rami del sapere; ella diceva: "C'è una forza che viene dall'eternità, ed è verde".

L'importanza per l'uomo delle piante, specialmente nei luoghi sacri e/o di cura, è nota fin dai tempi antichi: dai mitici "Giardini pensili di Babilonia" e dai boschi sacri della Grecia, a partire dall'oracolo di Dodona, il più antico dell'Ellade, dove l'esegeta interpretava il suono dello stormire del vento tra le foglie della quercia sacra a Zeus, al Lucus, il bosco sacro dei Romani, radura nel bosco dove arriva la luce del sole; ai Nemeton, i templi naturali nei boschi dei Celti; ai Devarakadus dell'India, le "Foreste degli Dei", presenti ancora oggi e protette dagli abitanti della zona, dove la caccia e il taglio degli alberi sono proibiti.

Eremo delle Carceri, Assisi

Lo stesso San Francesco di Assisi edificò i suoi eremi nel contesto di fitti boschi e fino ai tempi recenti abbiamo realizzato i luoghi di cura sempre circondati dal verde.

Sanatori de Puigdolena – Catalogna

Poi, la crescita della tecnologia medica e le possibilità terapeutiche percepite come illimitate, hanno fatto dimenticare questo antico concetto ed abbiamo iniziato a vivere sempre più circondati da pietra, ferro e cemento. Inoltre, come effetto del progresso industriale e scientifico, negli ultimi due secoli la popolazione mondiale ha realizzato il progressivo abbandono delle campagne. Fenomeni di urbanizzazione, con spostamento di masse di popolazione dalle campagne alle città, erano avvenuti anche in epoche storiche precedenti, ma stavolta il processo è stato più radicale e duraturo ed è continuato fino a quando, nel 2009, la popolazione urbana mondiale, per la prima volta nella Storia, ha superato quella rurale. Il processo di inurbamento prosegue. Secondo le Nazioni Unite, alla data stimata del 15 novembre 2022 gli esseri umani sul pianeta Terra hanno superato gli 8 miliardi e oggi, a inizio 2023, coloro che vivono in città oltrepassano di quasi un miliardo gli abitanti delle zone rurali. Si prevede che nel 2045 solo una persona su tre, nel Mondo, proseguirà a vivere in campagna.

Ospedale Niguarda-Cà Granda (Milano)

Tuttavia, a partire dagli anni '80 del secolo scorso, è iniziata una riscoperta delle foreste e delle loro possibilità terapeutiche, contemporaneamente in estremo oriente e nel mondo occidentale.

La novità, rispetto alle esperienze precedenti, è stata l'uso del metodo scientifico (o metodo sperimentale), basato sui ben noti tre passaggi fondamentali: 1) la raccolta di dati sperimentali, sotto la guida di ipotesi e teorie; 2) l'analisi rigorosa, logico-razionale e se possibile matematica, dei dati sperimentali ottenuti; 3) la riproducibilità dei dati sperimentali da parte degli altri sperimentatori: cioè la condivisione tra più cervelli, la necessaria "intersoggettività" della conoscenza scientifica.

La piramide delle evidenze scientifiche: sono di qualità solo quelle soggette a controllo intersoggettivo

2. LA CONOSCENZA INTERSOGGETTIVA DELLA REALTÀ

Cosa intendiamo per conoscenza intersoggettiva? Sappiamo che il nostro Sistema Nervoso è fatto da neuroni; ve ne sono 16 miliardi nel cervello e ben 69 miliardi nel cervelletto, che è deputato alla regolazione dei movimenti (numero che dimostra quanto sia importante il movimento per noi). I neuroni si connettono tramite congiunzioni dette sinapsi; dentro i neuroni corrono impulsi elettrici, che giunti alle sinapsi liberano sostanze chimiche, i neurotrasmettitori, che fuoriescono nello spazio intersinaptico e vanno a stimolare il neurone successivo, dove riparte un segnale elettrico, che a sua volta percorre l'intero corpo del neurone fino alla sinapsi successiva, dove si liberano di nuovo neurotrasmettitori chimici. Tutto ciò accade in millisecondi; l'intera nostra attività nervosa si realizza tramite impulsi elettrochimici. Francis Crick, premio Nobel per la scoperta del DNA, scriveva (1994): "le vostre gioie e i vostri dolori, i vostri ricordi e le vostre ambizioni, il vostro senso di identità personale e di libero arbitrio non sono altro che il comportamento di un vasto insieme di cellule nervose e delle molecole ad esse associate".

Il Sistema Nervoso siamo noi, tutta la nostra attività mentale e anche il mondo esterno a noi, per come il Sistema Nervoso di ognuno di noi lo ricostruisce a partire dalle nostre attività nervose di senso. Pazienti che nascevano affetti da "cataratta connatale", cioè con il cristallino opaco, quindi pressoché ciechi e che un tempo venivano riconosciuti e operati solo da adulti, all'inizio erano sconvolti dal cominciare a vedere le cose del mondo tutte dentro il loro cervello, a livello della corteccia occipitale dove è situata l'area visiva primaria. Col passare dei giorni la visione poi si integrava con i loro altri sensi e finalmente le immagini degli oggetti del mondo si spostavano fuori di loro, come accade normalmente a ognuno di noi. Questo conferma come dai sensi giungano al cervello informazioni costituite solo da segnali elettrici e chimici, che il cervello utilizza per costruire, al suo interno, la realtà: sia quella esterna, sia quella del nostro mondo interno, della nostra coscienza e del nostro stare, per come ognuno percepisce se stesso, sempre al centro del Mondo che lo circonda.

La nostra percezione del Mondo, inevitabilmente soggettiva e sempre parziale, viene da noi percepita come realtà oggettiva, per cui alla radice dei conflitti si trova quasi sempre la convinzione, saldamente radicata, che esista solo una realtà, cioè il mondo per come lo vede ognuno di noi, e che le opinioni altrui, inevitabilmente diverse, siano quindi irrazionali o in malafede. Invece ciò che accade è semplicemente che in ognuna delle nostre menti si realizza il processo di costruzione della realtà: la quale, per come ognuno la percepisce, dipende da processi cerebrali (consci e inconsci) con i quali il cervello costruisce una rappresentazione interna del mondo esterno, rappresentazione che guida il nostro comportamento e i nostri pensieri. Quando i circuiti neuronali del nostro cervello sono disturbati, patologici o comunque necessariamente più o meno differenti (non esistono due cervelli uguali, nemmeno in gemelli omozigoti!), "noi sperimentiamo il mondo in modo diverso sia per grado sia per natura rispetto ad altre persone, a livello sia cosciente sia inconscio" (Eric Kandel, premio Nobel[6]).

La "realtà in sé" è fatta di particelle subatomiche, riunite in atomi, riuniti in molecole: non c'è altro "là fuori", se non un contenitore silenzioso di molecole, atomi e campi elettromagnetici in vibrazione. Per noi invece la realtà è una tavolozza di colori, odori, sapori, un flusso ininterrotto di emozioni, desideri, sentimenti; il mondo in cui viviamo è fatto da prati, alberi, case, città, persone, animali, montagne, mare, cielo, stelle: ed è tutto creato dal cervello. Al nostro cervello giungono impulsi elettrochimici e il mondo, per come lo conosciamo, è tutto costruito dentro il nostro Sistema Nervoso e proiettato funzionalmente fuori; quest'azione noi la compiamo di continuo per tutta la vita.

"Proprio in questo momento, mentre state leggendo questo scritto, il vostro cervello è impegnato a trovare il significato di queste frasi; voi attribuite a me, che ne sono l'Autore, i significati di ciò che leggete, ma in realtà voi state guardando solo dei segni neri su fogli bianchi: la loro interpretazione, il senso di ciò che leggete, i significati che io cerco di trasmettere e voi di capire, non sono più miei: adesso che leggete, sono totalmente creati dal vostro cervello (Ugo Corrieri[7])".

Secondo Humberto Maturana[8] "la conoscenza come esperienza è qualcosa di personale e di privato che non può essere trasferito, e ciò che si crede sia trasferibile, cioè la conoscenza oggettiva, deve sempre essere creato dall'ascoltatore: l'ascoltatore capisce, e la conoscenza oggettiva sembra trasferita solo se egli è preparato a capire".

Lo stesso sostiene, nel campo della fisica, il principio di indeterminazione di Heisenberg (1927). Nella fisica classica la realtà ha un valore oggettivo, a prescindere dall'osservatore sappiamo che la luna c'è anche se non alziamo gli occhi al cielo per vederla, mentre nella fisica moderna non sappiamo più che cosa accade fra due "occhiate alla luna" successive: la realtà diviene tale (viene "creata") solo attraverso il processo di conoscenza dell'osservatore e "l'immagine scientifica che veniamo a costruirci del mondo cessa di essere una vera e propria immagine intrinseca della natura[9]". Secondo il premio Nobel Gerald Edelman, l'oggetto di percezione (cioè, ciò che noi percepiamo) emerge dall'attività di circuiti che scaricano sincronici e collegano le risposte delle varie regioni cerebrali. Non vi sono segnali provenienti direttamente dall'oggetto originario: c'è una stimolazione, nel cervello, di circuiti rientranti e l'immagine si forma grazie al cervello che parla a se stesso. Anche la memoria degli eventi percettivi è dinamica, si forma attivamente di continuo mediante il rafforzamento o indebolimento di sinapsi e il nuovo coinvolgimento dei circuiti originari: i nostri ricordi vengono quindi continuamente riformulati, con tutte le conseguenze del caso riguardo all'attendibilità nel tempo dei testimoni oculari. "Nel suo funzionamento normale, il cervello dapprima analizza la realtà nelle sue parti componenti e poi la ricostruisce secondo regole sue proprie: la convinzione che le nostre percezioni siano precise e fedeli è solo un'illusione; siamo noi stessi che ricreiamo, nel nostro cervello, il mondo in cui viviamo" (Kandel[10]).

Tuttavia, se da una parte ogni cervello è creatore di sé e del Mondo che sperimenta, dall'altra ogni mente è connessa con le altre menti con le quali è in continua e inevitabile relazione. La nostra realtà umana è quindi costantemente intersoggettiva. Non esistono cervelli realmente individuali: sin dal principio viviamo con l'altro, come mammiferi abitiamo nella vita prenatale nel corpo di nostra madre, dove il nostro sistema cervello-corpo inizia a formarsi; poi nasciamo e incontriamo il mondo attraverso la relazione reciproca con altri esseri che si prendono cura di noi; i nostri modelli di organizzazione funzionale cervello-corpo si sviluppano progressivamente sulla base della costante relazione intersoggettiva con "l'altro", in famiglia, nella scuola, nel gruppo dei pari; di questi gruppi a cui partecipiamo, noi ne parliamo la lingua: se veniamo abbandonati nella foresta e ci alleva un branco di lupi, come ci mostrano famosi esempi, noi parliamo la lingua dei lupi.

A partire dagli anni '90 del secolo scorso, le Neuroscienze hanno iniziato a studiare il cervello vivente e a mostrarci che è l'intersoggettività la caratteristica fondamentale di noi umani; l'interdipendenza è una realtà costante, i nostri sistemi biologici sono strettamente connessi e il Sé e l'altro vengono continuamente co-costruiti.

Le neuroscienze aprono un nuovo orizzonte: al centro è collocato il cervello come creatore di ciò che chiamiamo realtà; c'è qualcosa, là fuori, ma la sua struttura è costruita dai nostri neuroni; l'organo che studia la nostra coscienza e il mondo –

il cervello – è anche quello che li crea, per cui siamo «condannati» a cercare all'infinito i criteri per indagare e conoscere, rimettendoli in discussione a ogni nuova scoperta. Tutto ciò secondo il "Paradigma della Complessità" (Morin[11]), basato sulla flessibilità, la multidimensionalità e una conoscenza scientifica sempre parziale, per cui occorre cercare di comprendere assieme teorie, modelli e visioni diverse tra loro e anche apparentemente inconciliabili, realizzando sintesi sempre incomplete e in sviluppo.

La Scienza, quindi, non è né "oggettiva" né "soggettiva", è intersoggettiva: nelle situazioni scientifiche, le osservazioni, la logica, la matematica possono «produrre leggi» (forti regolarità), che altro non sono che regolarità condivise tra osservatori. La scienza non riproduce il mondo, bensì una condizione di intersoggettività tra più cervelli; perciò la ricerca scientifica è senza fine, perché sono continue e senza fine, nella specie umana, le interazioni tra più cervelli che osservano.

Qui sotto, una delle tante evidenze scientifiche: 12 sconosciuti si siedono in cerchio e nella prima registrazione elettroencefalografica, le attività elettriche dei loro cervelli sono completamente diverse. Ma dopo pochi minuti di meditazione in silenzio a occhi chiusi i 12 cervelli si sincronizzano tra loro e creano una realtà di gruppo condivisa.

12 sconosciuti si siedono in cerchio...

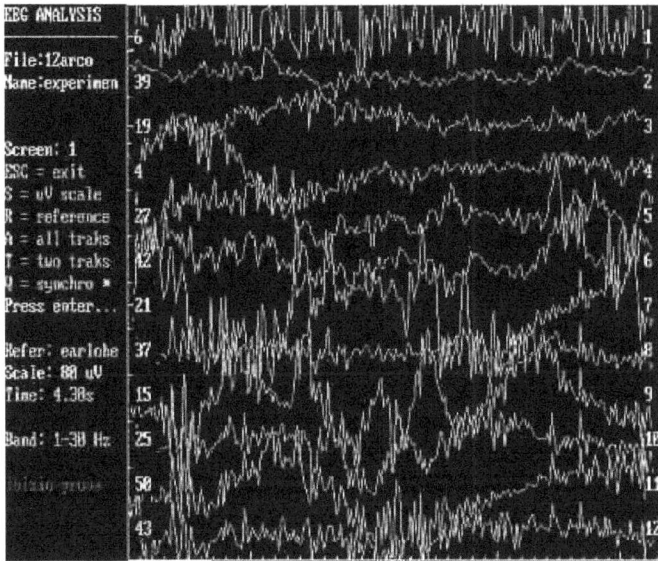

...le attività elettriche dei loro cervelli sono diversissime tra loro...

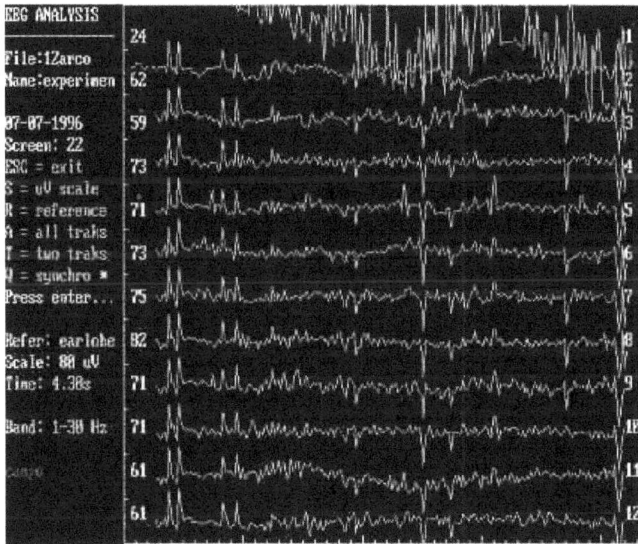

Poco dopo, mentre meditano in silenzio a occhi chiusi, la sintonizzazione dei 12 cervelli supera l'80%

3. EVIDENZE SCIENTIFICHE SULLE PIANTE

Animali e vegetali sono figli della medesima evoluzione, anche se circa due miliardi di anni fa, sul pianeta Terra, è avvenuta la grande biforcazione tra le due forme di vita. Tuttavia, le ricerche ci mostrano che ancora oggi le similitudini sono molteplici.

Ad esempio, così come facciamo noi animali, anche le piante si difendono attivamente dai nemici, in modi molto efficaci. Quando una pianta di pomodori viene attaccata da un parassita, emette un profumo che avverte le piante vicine, e tutte producono tossine che le rendono non più commestibili e addirittura incoraggiano gli insetti erbivori a divorarsi tra loro[12,13].

Fin dall'800[14] è noto che le piante percepiscono la luce e la cercano attivamente, spostandosi verso di essa: il fenomeno del fototropismo.

Fototropismo

Sebbene le piante siano organismi sessili, quasi tutti i loro organi si muovono nello spazio e quindi richiedono sensi specifici per trovare il loro posto appropriato rispetto ai loro vicini. Studi recenti mostrano che le piante possono percepire forme e colori tramite ocelli specifici[15,16], situati sulla superficie esterna.

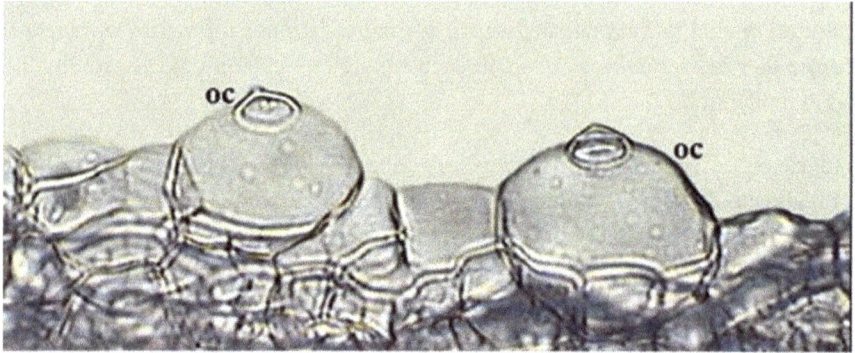

Epidermide vegetale: oc = ocello

Anche le radici sono molto sensibili alla luce e sono dotate di recettori capaci di captarla[17].

I *Warnowiaceae* (dinoflagellati) sono organismi vegetali, alghe microscopiche che rappresentano la maggior parte del fitoplancton; possiedono un apparato visivo costituito da veri e propri occhi, detti "ocelloidi", nei quali si distinguono la cornea (derivata dai mitocondri), la lente, cioè il cristallino, e una struttura (derivata dai plastidi) con pigmenti sensibili alla luce, equivalente alla retina.

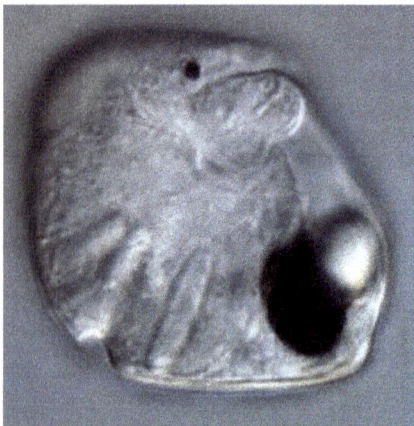

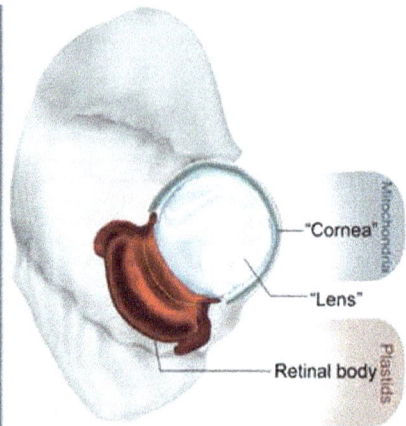

In realtà, le piante "vedono" più di noi: proteine sensibili a specifiche lunghezze d'onda della luce (il rosso, l'infrarosso, il blu e l'ultravioletto) sono presenti su tutta la superficie, come migliaia di piccoli occhi. Quando la luce le colpisce, modificano la loro struttura e la loro conformazione, inviando alla pianta segnali che le forniscono tutte le informazioni necessarie per vedere.

Noi umani abbiamo quattro recettori, che captano la luce visibile: la rodopsina per luce e ombra e tre fotopsine per il rosso, il blu e il verde. Le piante ne hanno molti di più.

Arabidopsis thaliana

L'Arabidopsis thaliana (arabetta comune) ha almeno 11 fotorecettori: alcuni dicono alla pianta quando germinare, alcuni quando piegarsi verso la luce, alcuni quando fiorire, altri le fanno sapere quando è notte, altri che è colpita da molta luce, altri che la luce è fioca e altri ancora la aiutano a segnare il tempo. Oltre al visibile, questi recettori captano anche nell'infrarosso e nell'ultravioletto.

Piante e animali, tra cui noi umani, hanno in comune i recettori per la luce blu chiamati criptocromi[18]: sostengono l'orologio interno chiamato «orologio circadiano» in sintonia con il ciclo giorno/notte.

Le piante hanno anche "orecchie": esperimenti[19-21] mostrano che le piante crescono in maniera diversa a seconda dei suoni a cui sono esposte e che stimoli acustici possono modificare l'espressione genica. I canali meccano-sensibili, diffusi ovunque nelle piante, sarebbero gli equivalenti dei canali che nelle altre specie viventi permettono di percepire e rispondere a stimoli meccanici quali il tatto e il suono.

Non solo: le piante rispondono in modo logico e intelligente ai suoni che percepiscono. La Arabidopsis thaliana, ad esempio, aumenta le proprie difese producendo sostanze tossiche al suono prodotto dai bruchi durante la masticazione, mentre non lo fa al suono prodotto dalle vibrazioni causate dal vento[22].

In un altro esperimento, il rumore dell'acqua che scorre nel suolo induce le piante di pisello (Pivum sativum) ad aumentare la crescita delle radici in quella direzione. Se facciamo sentire alle piante anche il suono dell'acqua registrato, esse fanno crescere le radici solo verso il suono dell'acqua naturale…ma se il terreno è già abbondantemente irrigato, in condizioni di "benessere" le piante non rispondono neanche al rumore naturale dell'acqua[23].

Le piante sono sensibili al tatto.

La nappola minore (Xanthium strumarium) inibisce la crescita delle foglie quando vengono toccate; continuando a esercitare un contatto, ingialliscono e muoiono…

La sensitiva (Mimosa pudica) contrae immediatamente tutte le foglie che vengano sottoposte al minimo stimolo tattile.

L'Arabidopsis thaliana, se toccata più volte al giorno, cresce più raccolta e fiorisce più tardi. Ciò mediante attivazioni geniche (epigenetica), con produzione di calmodulina, che interagisce con il calcio producendo segnali elettrici, come nella conduzione nervosa degli animali[24].

La sensibilità tattile può essere finissima: si è visto che una pianta rampicante può percepire la presenza di una funicella del peso di soli 0,25 g. e la valuta decidendo se è sufficiente a sostenerla e avvolgersi attorno, o meno[25].

Cuscuta pentagona

Le piante percepiscono i VOCs (Volatile Organic Compounds)[26]: la Cuscuta pentagona cresce in direzione dell'odore delle piante di pomodoro. Si attacca alla pianta ospite avvolgendosi in spire, quindi perde il contatto con il terreno per nutrirsi esclusivamente della linfa dell'ospite, tramite radici denominate austori che penetrano nel fusto e raggiungono la linfa zuccherina elaborata dalla fotosintesi.

L'odore dell'etilene fa maturare i frutti: l'etilene viene percepito come ormone gassoso che la pianta «annusa».

Le piante rilevano sostanze chimiche volatili nell'aria e, anche se senza nervi, convertono questi segnali in reazioni fisiologiche: può essere considerato olfatto.

L'olfatto percepisce sostanze chimiche volatili, il gusto sostanze chimiche solubili.

Le piante attaccate da insetti o da batteri liberano sostanze volatili per avvertire le piante vicine, tra cui jasmonato di metile, gas che nella pianta viene convertito in acido jasmonico, fitormone solubile che viene percepito da specifici recettori «gustativi» e innesca la risposta di difesa emettendo sostanze nocive per gli insetti[27].

All'inizio di questo paragrafo, abbiamo visto come le piante sentano il pericolo e lo comunichino. In particolare, gli esperimenti dimostrano come la stimolazione meccanica di una cellula vegetale modifichi l'equilibrio ionico, cosa che comporta l'emissione di un segnale elettrico che si propaga da una cellula all'altra, come nei nervi degli animali. Il segnale elettrico si propaga dalla foglia danneggiata al resto della pianta: mediante calcio e glutammato, come nei nervi animali, gli impulsi elettrici partono dal punto del danno e si propagano a circa un millimetro al secondo. In pochi minuti si diffonde al resto del vegetale, e ovunque aumenta un ormone difensivo verso futuri pericoli, alterando la crescita o liberando sostanze tossiche[28,29].

La diffusione del segnale al resto del vegetale

Le piante percepiscono la gravità: hanno statoliti («pietre statiche») nelle cuffie all'estremità delle radici. Gli statoliti, pesanti, nei movimenti cadono sempre verso il fondo della cellula, esattamente come gli otoliti nel nostro orecchio interno[30,31].

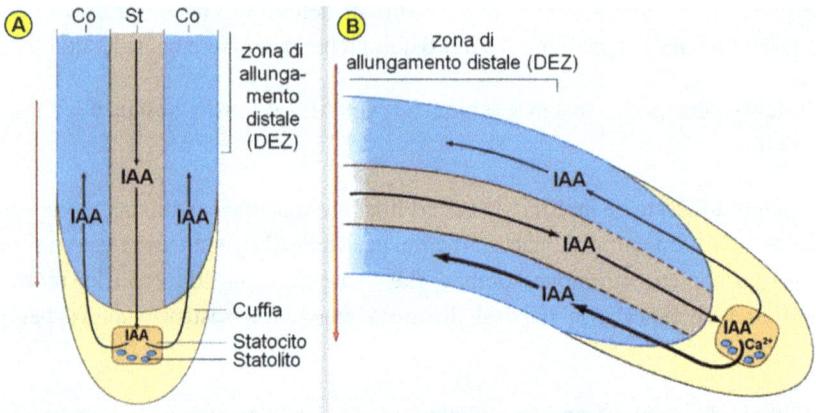

Se la radice cresce di lato (B) gli statoliti, deviando l'ormone vegetale auxina (IAA) verso la zona di allungamento distale, riportano la crescita in basso.

Le piante apprendono e ricordano, mediante meccanismi elettrochimici basati sulla fluttuazione dei livelli di calcio[32,33].

Ad esempio, la Malva sylvestris apprende e ricorda da dove viene la luce; con lei l'apprendimento classico (Pavlov) funziona.

La Dionaea muscipula (Venere acchiappamosche), oltre che ricordare, saprebbe anche contare. Chiude la trappola solo dopo almeno due tocchi entro 20 secondi: si assicura che ci sia qualcosa da mangiare e i tocchi non siano casuali[34].

Dionaea muscipula

Anche la Mimosa pudica ricorda. Sappiamo che chiude le foglie quando disturbata, ma impara a non farlo se il pericolo non è reale: gettando alcune piante da un'altezza non pericolosa (15 cm), dopo un po' smettono di chiudere le foglie, come se avessero imparato che non c'è pericolo[35] – ma continuano a chiuderle al tocco.

La Forbicina pelosa (Bidens pilosa) indirizza la crescita nelle parti lontane dai tagli subiti settimane prima: mostra di avere anche la memoria a lungo termine[36].

Bidens pilosa

Le piante scelgono: la Cinquefoglia (Potentilla reptans) se è ombreggiata risparmia energia e sviluppa foglia più grandi e sottili, ma se sopra ha luce, cresce più alta senza modificare le foglie[37].

Il Crespino (Berberis vulgaris), se nella sua bacca uno dei due semi è infestato, lo fa abortire nel 75% dei casi, ma se c'è un solo seme, lo fa abortire solo nel 5%: sceglie di provare[38].

Le piante scelgono quando fiorire e quando germogliare[39,40].

Le piante si muovono. Un caso eclatante, anche se controverso, è la Socratea exorrhiza (Cashapona), "The Walking Palm", che vive in Centro/SudAmerica e secondo alcuni Autori si sposta fino a 2-3 cm al giorno: se la luce è migliore su un lato, le radici cresceranno nell'area illuminata e le radici sul lato con scarsa illuminazione tenderanno a estinguersi. Secondo altri, le radici aeree consentono a questa palma di "camminare" togliendosi da sotto alberi caduti e altri ostacoli, che sono i maggiori pericoli per le palme immature: il tronco inferiore e le radici più vecchie marciscono e vengono lasciate indietro mentre l'albero emette nuove radici e si allontana dal punto originario di germinazione.

Socratea exorrhiza

In realtà, più o meno impercettibilmente tutte le piante si muovono; lo descrisse Charles Darwin nel suo libro "The Power of Movements in Plants", prima edizione 1880.

Si distinguono movimenti per crescita, turgore, igroscopia, essiccamento. Movimenti di germoglio e radici. Movimenti spontanei (nutazione), causati da uno stimolo (locomozione, tropismi, nastie), a tempo (orologio biologico), intenzionali (p.es. circumnutazione); le radici effettuano movimenti per esplorazione del suolo, estrazione di minerali, evitamento di ostacoli, assorbimento dell'acqua.

Quelli di circumnutazione, in particolare, sono movimenti circolari delle punte delle piante, causati da ripetizione di cicli di differenze di crescita ai lati dello stelo allungato. La gravità li aumenta, ma si sono osservati anche in piante portate a bordo dello Space shuttle.

Non tutti sanno che le piante dormono, fenomeno descritto fin da Carlo Linneo nel suo scritto "Il sonno delle piante", prima edizione 1755.

Il sonno è una legge generale del mondo vegetale: la tendenza, durante la notte, a riprendere la posizione iniziale del germoglio. Meno distinguibile con foglie coriacee (quercia), ben visibile con foglie più delicate. La propensione al sonno è maggiore in piante di giovane età, come per gli animali e per l'uomo.

Una recente ricerca ha evidenziato che la betulla di notte affloscia foglie e rami abbassandosi di circa 10 centimetri (su 5 mt)[41].

Infine, le piante hanno una vita sociale.

Distinguono tra «sé» e «non-sé»: le Angiosperme effettuano il blocco dell'autofecondazione; il polline «sé», geneticamente identico al pistillo, viene respinto; quello «non sé» è accettato per la fecondazione[42,43].

Piante vicine ma non imparentate tra loro tendono ad avere un grande sviluppo di radici a scapito dei germogli, che crescono dritti verso l'alto senza contatti tra loro, mentre le piante sorelle hanno radici più superficiali e le loro foglie si toccano e intrecciano[44].

Le piante fioriscono di più se attorniate da altre con cui hanno legami di parentela, rispetto a quando crescono da sole o con piante estranee[45].

La Arabidopsis thaliana sviluppa l'apparato fogliare in maniera diversa a seconda del legame di parentela con la pianta accanto. Se è della stessa famiglia, sposta le foglie e permette alla pianta vicina di crescere[46].

Fa parte della vita sociale la cooperazione con gli altri. L'Arenaria tetraquetra condivide l'acqua che immagazzina nel suo materiale organico con altre piante erbacee che sono ospiti del «cuscino» formato dai suoi arbusti[47].

In un esperimento, piante di peperoncino crescono meglio vicino a piante di basilico, che inibisce lo sviluppo di erbacce e parassiti, anche se le piante sono separate da membrane che impediscono il passaggio di segnali chimici. Secondo i ricercatori, comunicano con piccole vibrazioni sonore[48].

I rapporti sociali possono arrivare al punto che una pianta, la Boquila trifoliolata, si trovi a imitare piante di altre specie, molto diverse tra loro[49]. L'imitazione riguarda dimensione, forma, colore e orientamento delle foglie della pianta ospite. Si è osservato un mimetismo multiplo se cresce con varie piante ospiti. La ricerca verte su identificare i meccanismi: sostanze volatili? Passaggio di materiale genetico? Visione?

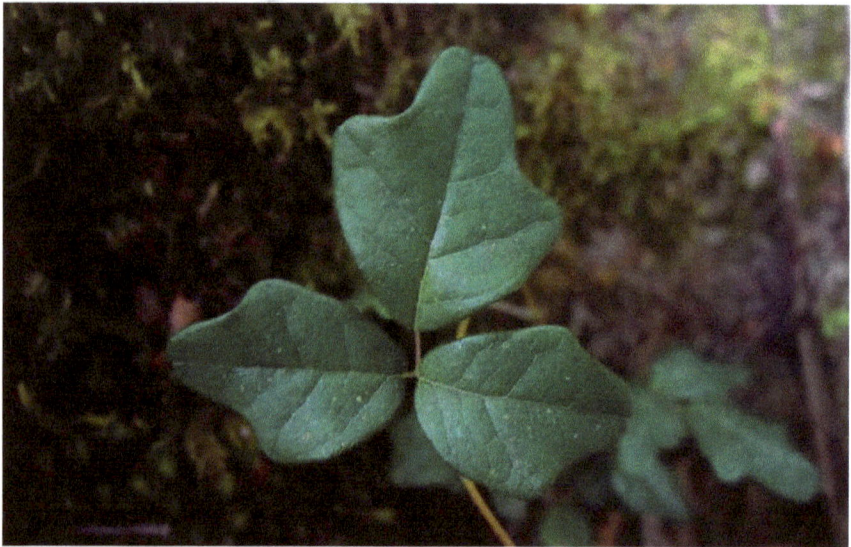

Boquila trifoliolata, la pianta illusionista

4. I BENEFICI DELLE PIANTE

Le piante hanno molti effetti benefici.

Purificano l'aria dagli inquinanti, a cominciare dalle polveri sottili, il PM2,5 che, secondo l'Organizzazione Mondiale della Sanità e l'Agenzia Europea dell'Ambiente causa, da solo, circa i due terzi di tutte le morti precoci da inquinamento atmosferico. Uno studio[50] effettuato in 10 grandi città americane ha valutato che le piante rimuovano dell'atmosfera quantità di PM2,5 variabili dalle 4,7 tonn. a Syracuse alle 64,5 tonn. ad Atlanta, con benefici economici che variano da 1,1 milioni di dollari a Syracuse a 60,1 milioni di dollari a New York City. Le piante rimuovono dall'atmosfera anche vari altri inquinanti, tra cui i pericolosi ossidi di azoto e di zolfo ed è singolare che tra gli alberi più efficaci nel rimuoverli ci siano quelli del genere Pinus: che spesso vediamo tagliare, benché ancora sani, nelle nostre città, perché ritenuti "non adatti" all'ambiente urbano!

La capacità di assorbire inquinanti delle piante è usata anche per bonificare ambienti contaminati, realizzando interventi di "*Phytoremediation*".

Marino (Roma), 14.5.19. Pini sani e maestosi, abbattuti perché "le radici potrebbero danneggiare l'asfalto"

In realtà, un albero si può paragonare a un embrione vegetale ad accrescimento pressoché infinito, capace di vivere centinaia (se non migliaia) di anni e una ricerca[51] effettuata in 16 Paesi su 403 specie di alberi dimostra che sono quelli più grandi e più anziani che assorbono maggiori quantità di inquinanti, fino a varie centinaia di kg. di CO_2 ogni anno, mentre a impianti di nuovi alberi occorreranno vari decenni per avere la capacità di assorbimento di quelli che abbiamo incautamente rimosso.

Tra l'altro, di solito gli alberi sono tagliati per bruciarli come pellet da riscaldamento o nelle centrali a biomasse, entrambi incentivati come energie falsamente "green", che in realtà contribuiscono alle emissioni di PM2,5 ed alle conseguenti migliaia di morti precoci, ogni anno in Italia[52], come vedremo in dettaglio più avanti.

Le piante mitigano il clima mediante meccanismi di evapotraspirazione. Secondo l'Università di Padova, un grande albero può traspirare centinaia di litri di acqua e ridurre nelle sue vicinanze il calore estivo come 20 condizionatori d'aria; inoltre, il Report del Sistema Nazionale Protezione Ambiente n.13/2020 attribuisce ai giardini cittadini la capacità di mitigare le escursioni termiche, perché di giorno si scaldano più lentamente e di notte perdono più lentamente calore di asfalto, cemento e metalli.

Le piante ci proteggono dal dissesto idrogeologico: le radici consolidano i terreni, le foglie attenuano la violenza delle piogge e riducono la velocità delle acque. Tuttavia, spesso vediamo tagliare alberi lungo i pendii scoscesi e le sponde dei fiumi, con la motivazione di realizzare interventi di manutenzione, ma di fatto togliendo ogni freno alle inondazioni in caso di piogge torrenziali.

Controproducenti anche i sempre più frequenti progetti antincendio basati sul diradamento degli alberi e l'eliminazione del sottobosco per diminuire la quantità di combustibile. In realtà, così facendo si riduce la biomassa viva, ne perdiamo i benefici e usiamo il legno tagliato come biomassa da bruciare, coi problemi di cui sopra, mentre gli incendi possono essere addirittura favoriti: come vedremo meglio al Cap. 12, le sclerofille del sottobosco possono rallentare con la loro umidità la propagazione dell'incendio, che invece può essere favorita dalla seccaggine rilasciata a terra dai tagli.

Secondo l'Agenzia Ambientale Europea, le piante possono assorbire fino all'80% dell'inquinamento acustico urbano, favorendo il benessere; inoltre, salvaguardano la biodiversità, dando rifugio, riparo e nutrimento a uccelli, piccoli animali, insetti, funghi.

Alberi, giardini, parchi e spazi verdi abbelliscono le città; danno un senso di armonia e piacevolezza; aumentano il valore degli immobili; migliorano la qualità della vita.

Il Millennium Ecosystem Assessment (Ecosystems and human well-being, 2005), definisce "Servizi ecosistemici" tutti questi benefici che ci forniscono le piante.

Ma non tutti sanno che alberi e foreste sono anche vere medicine, molto potenti, per noi esseri umani.

5. GLI EFFETTI SANITARI SULLE PERSONE

Le testimonianze del valore terapeutico del verde si perdono nella notte dei tempi.

In una tavoletta di argilla sumera di circa 2500 anni prima di Cristo si parla di un luogo meraviglioso, di nome "Dilmun", dove le piante rendono gli esseri umani intoccabili dalla malattia.

Le moderne dimostrazioni scientifiche, come abbiamo già detto, cominciano negli anni '80 del secolo scorso.

A partire dal 1982, l'Agenzia forestale del Giappone ha dato vita a un programma nazionale di immersione in foresta, associato fin dall'inizio a studi e ricerche riguardo agli effetti sulla salute umana.

Negli stessi anni Roger Ulrich, il pioniere occidentale della "terapia forestale" scientifica, ha esaminato pazienti operati di colecistectomia in un ospedale della Pennsylvania (USA, 1984[53]), riscontrando che quelli in camere con finestre che davano su un parco alberato avevano meno complicazioni post-operatorie, assumevano minori farmaci antidolorifici e venivano dimessi prima di coloro le cui finestre davano su cortili interni privi di verde. Ha ripetuto analoghi studi in un ospedale di Uppsala (Svezia, 1993), su 160 pazienti operati al cuore, trovando che quelli che avevano in stanza dei semplici poster di paesaggi verdi chiedevano meno antidolorifici e miglioravano prima dei pazienti con poster di arte astratta o tutti bianchi.

Sulla base di questi risultati, Derek Parker[54] ha stimato risparmi di 10 milioni di dollari/anno per un ospedale di 300 posti letto immerso nel verde.

Il contatto regolare del cervello con la Natura ricca di verde[55] è protettivo nei confronti di malattie neurodegenerative nei ratti; contrasta il declino cognitivo nei ratti e nei cani; produce miglioramenti comportamentali nella Corea di Huntington, M. di Parkinson e M. di Alzheimer in pazienti umani; combatte l'invecchiamento cerebrale anche in età molto avanzata; causa aumento di spessore della corteccia e del peso del cervello, con generazione di nuovi neuroni anche in età avanzata: cervelli over70 riacquisiscono comportamenti di cervelli 40enni. Sempre nuove ricerche confermano che un costante esercizio fisico moderato in un ambiente naturale arricchito (di verde, di biodiversità e di relazioni) innesca fenomeni protettivi che fronteggiano l'invecchiamento e la neurodegenerazione.

La neurobiologa Véronique Paban ha scoperto che cavie alle quali da piccole sono state causate gravi lesioni cerebrali e sono state quindi allevate nella Natura ricca di verde, sviluppano in età adulta prestazioni paragonabili a quelle di cavie normali allevate nelle abituali gabbie di laboratorio[56].

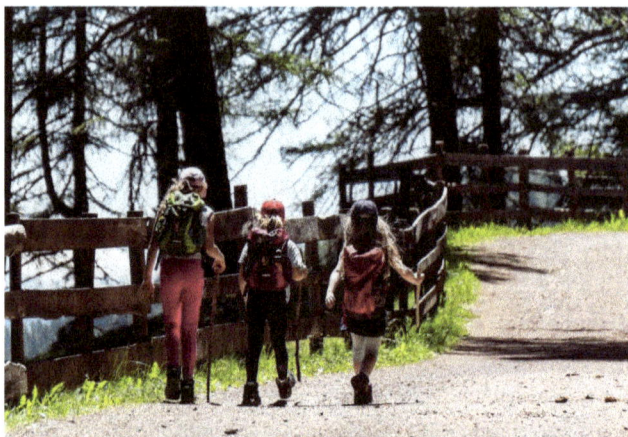

In bambini con disturbi del neurosviluppo, l'ambiente naturale arricchito diminuisce la reattività emotiva ed aumenta l'apprendimento e le abilità cognitive[57].

In generale, il "verde terapeutico" è stato definito come quello che provoca il miglioramento del benessere globale psicofisico[58-60], con due possibilità di fruizione: scegliere ambienti naturali particolarmente efficaci oppure realizzare appositamente spazi verdi dedicati al benessere (ad esempio, i "giardini Alzheimer", nei quali possono ricevere benefici i pazienti con disturbi neurocognitivi maggiori).

Secondo numerosi Autori, gli elementi più importanti per una benefica immersione nel verde sono: la varietà degli spazi con ricchezza della biodiversità; camminare facendo esercizio fisico moderato e piacevole; ridurre al minimo le intrusioni non naturali, quali rumori urbani o di auto, fumo e illuminazione artificiali ecc.; ridurre l'ambiguità realizzando con chiarezza una immersione completa nell'ambiente naturale; una vegetazione rigogliosa, abbastanza densa con alberi maturi ed evoluti; sufficiente umidità (giochi d'acqua, ruscelli), per la grande importanza benefica degli ioni negativi.

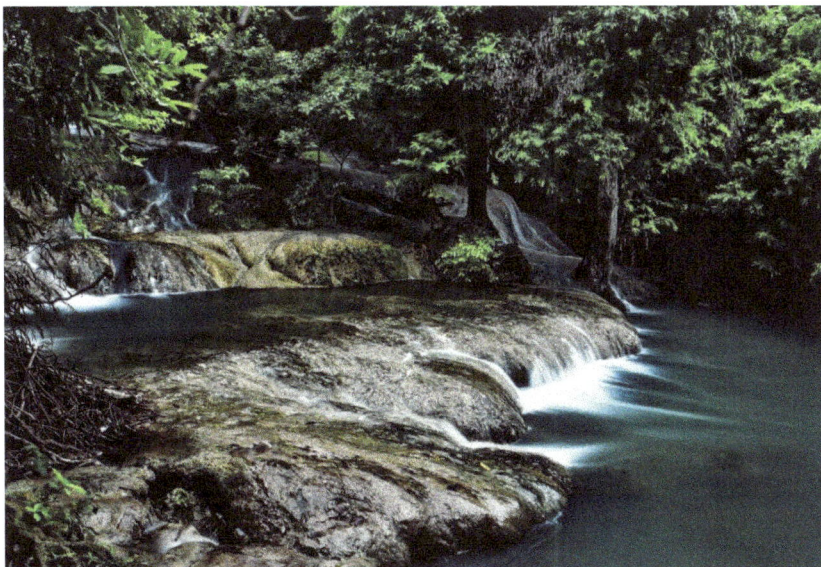

Ioni negativi: effetti benefici sull'umore, l'energia, la libido e il benessere delle persone

Oramai moltissimi studi mostrano che camminare regolarmente nel Verde previene le patologie, promuove l'apprendimento, la memoria, il benessere psico-fisico e contrasta l'invecchiamento[61-66]. Lo studio «Vitamin G» (Green), effettuato nel 2008 dal Netherland Institute for Health Service Research su ben 250.000 olandesi, ha dimostrato che chi vive nel verde ha meno diabete, malattie coronariche, ipertensione, fobie, depressione e recupera prima se è ammalato. I risultati sono tanto migliori, quanto maggiori sono la biodiversità e la varietà dei Paesaggi.

Grandi benefici dagli alberi anche nelle città. Uno studio[67] su 11238 danesi che abitano in aree urbane ha mostrato che coloro che vivono a oltre 1 km. da spazi verdi hanno il 42% in più di stress, identificando in 300 metri la distanza critica dal verde. Una revisione sistematica di 201 studi svolti in America, Asia ed Europa mostra come l'esposizione agli alberi in ambiente urbano costituisca un importante determinante di salute[68]. A Londra, chi vive in strade con più alberi consuma meno farmaci[69]. Una ricerca sugli anziani in Giappone fa vedere che le persone vivono più a lungo quando possono raggiungere a piedi un parco o uno spazio verde[70]. Varie ricerche in Australia, Cina, Giappone, Canada, USA, Gran Bretagna evidenziano minore mortalità e meno malattie gravi tra coloro che vivono presso spazi verdi adeguati.

53

E non c'è nemmeno bisogno di grandi numeri, perché bastano pochi alberi a fare la differenza: a Toronto, 10 alberi in più in un isolato fanno bene come un aumento di 10.000 dollari o come ringiovanire di 7 anni e abbassano significativamente i rischi di ipertensione, diabete, obesità[71].

Medellin (Colombia): creati 30 "corridoi verdi" urbani, con diminuzione di 2°C della temperatura media e meno criminalità

Uno studio della Exeter University esteso all'intero Regno Unito fa vedere come i cittadini che vivono circondati da alberi soffrano meno di ansia e depressione e provino maggiormente felicità[72].

Viceversa, nelle zone urbane di Portland e Chicago prive di verde, ci sono crimini maggiori del 50%, con più 56% per crimini violenti[73]: gli spazi verdi incoraggiano a relazionarsi e collaborare, il cemento favorisce la competizione e l'aggressività.

Chicago, Illinois (USA)

Negli USA ci sono 7 miliardi di frassini. Più di 100 milioni sono stati uccisi dal "minatore smeraldino", un insetto accidentalmente importato dalla Cina. Dal 1990 al 2007, nelle 15 contee americane dove sono morti più alberi, si è riscontrato un eccesso di 15.080 morti per malattie cardiovascolari e di 6113 morti per malattie respiratorie: dove muoiono gli alberi, muoiono anche le persone[74].

6. LA MEDICINA FORESTALE

Nel 2007 nacque, prima nel Mondo, la Società Giapponese di Medicina Forestale, seguita negli anni successivi da iniziative analoghe in numerosi altri Paesi.

La Medicina Forestale si presenta come una scienza interdisciplinare, basata sulle evidenze, che integra tre differenti tipi di conoscenze: medicina preventiva e ambientale; competenze forestali; conduzione pratica delle persone all'immersione in foresta.

L'immersione in foresta avviene attraverso i nostri sensi. La vista, attraverso i colori e la bellezza del paesaggio forestale. L'udito, mediante i suoni della foresta, il canto degli uccelli, il fruscio del vento tra le foglie, i rumori dell'acqua. L'odorato, apprezzando fragranza e profumi di alberi e fiori. Il gusto, assaporando frutti e vegetali edibili ed anche gustando il sapore dell'aria fresca. Il tatto, toccando gli alberi e immergendo l'intero corpo nell'atmosfera della foresta.

I benefici per le persone della immersione in foresta si possono distinguere in psicologici, quali il miglioramento dei processi mentali, dello stress, di ansia ed emozioni; dei processi cognitivi; delle abilità, relazioni sociali, comportamenti e stili di vita e fisici, quali effetti positivi sulle funzioni cardiovascolari, respiratorie, emodinamiche, metaboliche, immunitarie, infiammatorie, neuroendocrine e protezione dalle malattie croniche degenerative e tumorali.

Tutti sappiamo quanto possa far bene il contatto con la Natura ricca di verde e di biodiversità, ma è meno chiaro come questa esperienza possa avvenire al meglio.

A tal fine, taluni esperti di Medicina Forestale indicano 10 suggerimenti generali:

1. Pianificate in base alla vostra capacità fisica evitando di stancarvi
2. Se avete un giorno intero, state in foresta 4 ore e camminate circa 5 km; se avete mezza giornata, state 2 ore e camminate circa 2,5 km
3. Riposatevi ogni volta che siete stanchi
4. Bevete acqua o tè ogni volta che avete sete
5. Trovate un posto che vi piace, sedete, rilassatevi e gustatevi il paesaggio
6. Se vi è possibile, fate un bagno caldo subito dopo l'immersione in foresta
7. Scegliete la terapia forestale adatta ai vostri scopi
8. Per migliorare il sistema immunitario, immergetevi 3 giorni e 2 notti

9. Per rilassarvi e ridurre lo stress, è sufficiente un giorno in una foresta vicina
10.L'immersione in foresta è una misura preventiva; se siete malati rivolgetevi al medico.

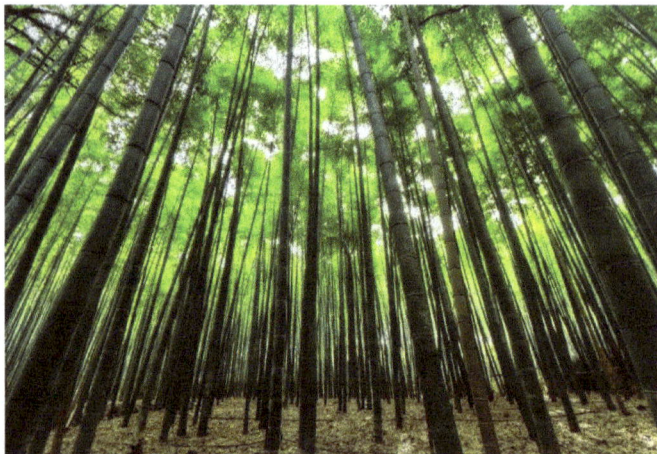

I principali fattori dell'ambiente forestale che contribuiscono agli effetti benefici sulla salute umana sono l'atmosfera quieta, la bellezza del paesaggio, il clima piacevole e moderato, gli odori particolarmente gradevoli e speciali, l'aria fresca e pulita in foresta.

Contribuiscono gli effetti totali di tutti e cinque sensi. Il maggior effetto pare quello dell'annusare e respirare composti organici volatili chiamati terpeni.

L'ambiente della foresta comprende:

1. Fattori fisici quali la temperatura dell'aria, l'umidità, la quantità di luce, il calore irradiato, gli spostamenti di aria con la velocità del vento, i suoni (il suono di una cascata, il sussurrare del vento tra le foglie), il sapore dell'aria fresca e fragrante in bocca, l'odore delle fragranze ecc.
2. Fattori chimici, in particolare composti organici volatili che sono emessi dagli alberi denominati "terpeni" (detti anche "fitoncidi"), costituiti da multipli dell'isoprene, idrocarburo a 5 atomi di carbonio biosintetizzato da piante e animali e precursore di importanti molecole organiche.
3. Fattori psicologici, che riflettono la valutazione soggettiva dell'ambiente forestale, quali: caldo/freddo, luce/oscurità, tensione/rilassamento, bello/brutto, buono/cattivo, rilassante/stimolante, silenzioso/rumoroso, mono-paucicromia/ricchezza di colori ecc.

La Medicina forestale studia gli effetti degli ambienti forestali sulla salute umana utilizzando il metodo scientifico e in particolare mediante:

A. Studi in laboratorio e sul campo degli effetti dell'immersione in foresta su sistema nervoso centrale, sistema simpatico e parasimpatico, risposte psichiche, sistema endocrino, sistema immune, sistema cardiocircolatorio, sistema respiratorio ecc.

B. Studi epidemiologici: ad esempio, indagando morbilità e mortalità riguardo a tutta una serie di malattie in caso di esposizione in foresta oppure no.

Non si deve mai dare per scontata la validità di uno studio scientifico; ogni singola ricerca dovrebbe essere accuratamente esaminata, per valutare sempre le eventuali distorsioni, dette "bias": errori che possono incidere riducendo la qualità dello studio fino ad invalidarne gli esiti o, in alcuni casi, perfino a capovolgerli.

Ciò doverosamente premesso, vediamo tutta una serie di ricerche e risultati.

È stato calcolato che le aree naturali protette del Mondo, per i loro benefici sulla sola salute mentale dei visitatori, hanno un valore di circa 6 trilioni di dollari, l'8% del PIL mondiale: mille volte superiore al budget delle aree protette medesime[75].

Uno studio[76] mostra che la semplice visione di immagini forestali su uno schermo per soli 90 secondi produce evidenti benefici psicofisici.

Le più benefiche sono le foreste non troppo fitte, dove si cammina piacevolmente.

Una foresta mista, ricca di specie, con piccoli corsi d'acqua è la più efficace per la salute[77].

L'immersione in foresta riporta nella norma[78] valori fisiologici troppo bassi o troppo elevati della pressione arteriosa, dei ritmi cardiorespiratori, del sistema neuroendocrino; riduce l'attività simpatica (quella della risposta "attacco/fuga" a tensione e pericolo) e aumenta l'attività parasimpatica, con rilassamento psicofisico e incremento delle funzioni digestive e urinarie[79-81].

Toccare alberi (nello specifico studio, querce) riduce la frequenza cardiaca e migliora la fisiologica capacità di variare il ritmo cardiaco[82].

Immergersi in foresta ha potenti effetti sul sistema endocrino:

- riduce la glicemia e la pressione arteriosa in pazienti diabetici e sovrappeso[83];
- aumenta i livelli serici di adiponectina[84,85], ormone che combatte l'obesità, il diabete mellito, le malattie cardiovascolari, la sindrome metabolica ed ha inoltre attività antitumorale nei confronti di numerosi tipi di cancro;
- aumenta i livelli ematici di DHEA-S[86], che contrasta le patologie cardiache, il diabete, l'obesità e varie malattie degenerative dell'anziano.

L'immersione in foresta ha potenti effetti terapeutici sullo stress.

Com'è noto, lo stress consiste nelle risposte mentali e corporee che l'organismo umano attiva di fronte a qualsiasi cosa, definita "stressor", che minacci seriamente la nostra omeostasi, cioè il nostro equilibrio psico-fisico.

La risposta acuta allo stress comporta aumento della pressione arteriosa e degli ormoni dello stress quali adrenalina, noradrenalina e cortisolo, con lipolisi e conversione del glicogeno in glucosio ed iperglicemia, dilatazione di bronchi e bronchioli, dilatazione delle pupille, aumento del ritmo cardiaco, inibizione delle funzioni gastrointestinali, costrizione delle arterie.

Una condizione cronica di stress può causare problemi ingravescenti di salute, quali ansia e depressione, dolori di qualsiasi tipo, disturbi del sonno, malattie autoimmuni, difficoltà digestive, patologie cutanee tra cui eczemi, cardiopatie, problemi di peso, riduzione della fertilità, disturbi del pensiero e della memoria.

Alcuni studi suggeriscono possibili meccanismi per i quali alti livelli di stress cronico possono indirettamente favorire l'insorgenza e la diffusione delle cellule cancerose.

L'immersione in foresta riduce i livelli degli ormoni dello stress quali adrenalina e noradrenalina urinarie, cortisolo salivare ed ematico, con riduzione delle malattie stress-correlate[87-90].

Il sistema immunitario è una complessa rete integrata di elementi e processi biologici, sviluppatasi per difendere l'organismo da agenti patogeni (virus, batteri, funghi e protozoi), elementi chimico-fisici dannosi (tossine, veleni) e processi interni degenerativi (p.es. il cancro). Il sistema immunitario deve rilevare virus, batteri, cellule tumorali, elminti ecc., distinguerli dai propri organi e tessuti sani e quindi distruggerli.

Le difese dell'organismo comprendono innanzitutto le difese di barriera non specifiche (pelle, mucose, muco, lacrime, saliva, tosse, sternuti ecc.); se un patogeno (sostanza, batterio ecc.) penetra nell'organismo superando le barriere, si mette in moto una risposta infiammatoria, con una cascata biochimica di oltre 20 proteine, tra cui rilascio di citochine e altre sostanze chimiche che reclutano cellule immunitarie, le quali rimuovono i patogeni. Si attivano le difese immunitarie specifiche sotto forma di fagociti (macrofagi, neutrofili e cellule dendritiche), mastociti, eosinofili, basofili e linfociti: i linfociti B, che partecipano ai processi dell'immunità umorale tramite gli anticorpi, i linfociti T che partecipano ai processi dell'immunità cellulo-mediata e i linfociti Natural Killer.

I linfociti Natural Killer (o NK) sono fondamentali nel riconoscimento e distruzione di cellule tumorali o infette da virus, perché non necessitano di attivazione: hanno un sistema di riconoscimento indipendente dal "riconoscimento dell'antigene" caratteristico degli altri linfociti (T e B) e distruggono cellule anche in stadi avanzati di carcinogenesi, che per le loro profonde modifiche sfuggirebbero ad altri tipi di controllo immunitario da parte degli altri linfociti.

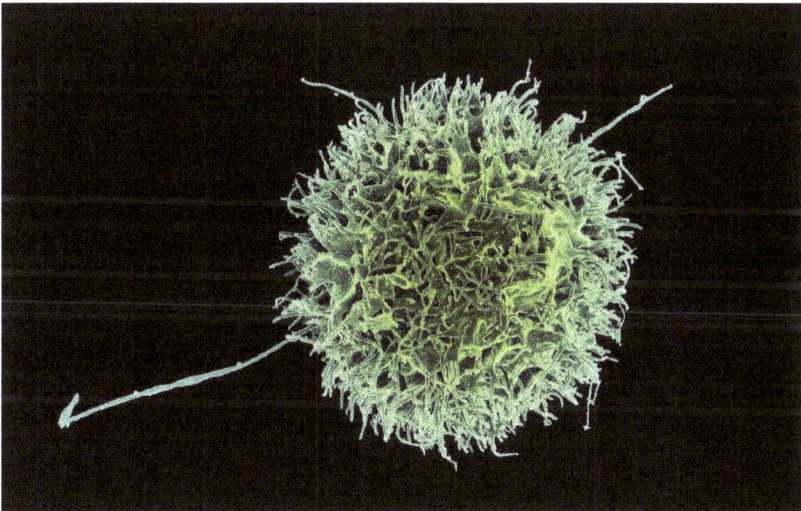

Linfocita NK al microscopio elettronico

I linfociti NK sono citotossici: nel proprio citoplasma presentano dei granuli preformati, che contengono speciali proteine, come le perforine, che formano dei pori nella membrana plasmatica della cellula da eliminare. Attraverso questi pori entrano le granulisine e i granzimi A e B, proteine anch'esse secrete dal linfocita

NK, che inducono la morte della cellula per apoptosi. L'apoptosi è un tipo particolare di morte cellulare, nella quale la cellula si frammenta e i frammenti vengono rimossi da cellule macrofagiche, senza rilascio di materiale all'esterno nell'organismo, che viene così ad essere protetto dai contenuti patologici della cellula.

Da Sky-tg 24 del 11 aprile 2022: "La Commissione Europea ha autorizzato la immissione in commercio di una nuova terapia, basata su specifiche cellule immunitarie (linfociti NKT), estratte dal sangue del paziente, modificate geneticamente attivandole, coltivate in laboratorio e reintrodotte nel paziente per attivare la risposta contro i tumori". Terapia che, negli USA, pare che riguardi oltre 3.500 pazienti all'anno, con costi che superano i 370.000 $ e frequenti effetti collaterali gravi.

Questa terapia ce l'abbiamo già, gratuita e senza effetti collaterali: l'immersione in foresta aumenta del 50% il numero e fino al 52% l'attività dei linfociti umani Natural Killer, ed aumenta i livelli ematici delle proteine anticancro perforina del 28%, granzima A del 39%, granzima B del 33%, granulisina del 48%. L'aumento dura più di una settimana, fino a 30 giorni[91,92,93,94].

Le persone con elevata attività dei linfociti NK mostrano significativamente meno tumori maligni, per cui l'immersione in foresta può avere effetti preventivi sul cancro[95].

In donne operate di cancro al seno, ha portato a un tale sostegno al sistema immunitario che la terapia forestale è stata suggerita come terapia adiuvante anticancro dopo quelle standard[96].

La profonda efficacia del verde nella prevenzione dei tumori è stata dimostrata con impressionante evidenza e chiarezza da una grande ricerca del Prof. Qing Li, ricerca estesa a tutte le prefetture del Giappone (oltre 126 milioni di abitanti) che ha evidenziato una correlazione statisticamente significativa tra maggiore copertura forestale e minore incidenza (Standardized Mortality Rate) di mortalità per i principali tipi di cancro nell'uomo e nella donna[97].

Come fanno gli ambienti forestali ad aumentare il numero e l'attività dei linfociti NK e delle proteine anticancro?

Colture cellulari di linfociti NK sono state esposte a terpeni quali isoprene, alfa- e beta-pinene, d-limonene e altri oli essenziali; come risultato, in misura dose-dipendente sono aumentate l'attività citolitica dei linfociti NK, così come la concentrazione intracellulare di perforina, granulisina e granzima A e B[98]. Numerosi studi di esposizione ai terpeni in vivo confermano questi aumenti.

Secondo l'Organizzazione Mondiale della Sanità, le malattie non trasmissibili (o: malattie correlate a stili di vita) uccidono prematuramente 41 milioni di persone ogni anno, cioè il 71% di tutte le morti. Le prime sono le morti da malattie cardiovascolari, 18 milioni di persone all'anno; sono seguite da quelle per cancro, 9 milioni; terze quelle per malattie respiratorie, 4 milioni; quindi le morti per diabete, 1,5 milioni ogni anno.

Queste 4 cause rappresentano l'80% delle morti premature per malattie correlate a stili di vita.

Ebbene, per quanto riguarda le patologie cardiovascolari, dopo esposizione in foresta diminuiscono significativamente i fattori patologici correlati all'insufficienza cardiaca cronica[99,100], quali l'endotelina e i costituenti del sistema renina-angiotensina, tra cui renina, angiotensinogeno, angiotensina 2, i recettori ANGII 1 e 2. Inoltre, il peptide natriuretico cerebrale (NT-proBNP) è un peptide di 32 amminoacidi, secreto dai ventricoli del cuore in risposta ad un eccessivo allungamento delle cellule muscolari del cuore; valuta la gravità della malattia cardiaca e anche l'efficacia della terapia: camminare in foresta lo riduce significativamente[101].

Gli effetti protettivi e benefici dell'immersione in foresta sul cancro li abbiamo già esaminati; per quanto riguarda le patologie respiratorie, la terapia forestale dimostra effetti significativi su pazienti anziani con bronco-pneumopatia cronica ostruttiva (BPCO), con diminuzione della infiammazione polmonare e delle molecole correlate ed aumento delle funzioni respiratorie[102].

Riguardo infine alla quarta causa di morte, il diabete di tipo 2 (diabete dell'adulto), che rappresenta circa il 90% di tutti i casi di diabete, dopo una camminata di 3-6 km (a seconda della forma fisica) in foresta, la glicemia media si riduce da 179 mg/100 ml a 108 mg/100 ml e l'emoglobina glicata A1c diminuisce del 6,9%[103].

Tornando al sistema cardiocircolatorio, una passeggiata di due ore in foresta abbassa la P.A. sistolica e diastolica molto più di una identica passeggiata in area urbana[104].

In soggetti anziani ipertesi, l'esposizione alla foresta di una settimana migliora non solo la P.A. ma anche numerosi altri indicatori biologici e migliora la funzionalità cardiaca in anziani cardiopatici[105].

L'immersione in foresta aiuta le malattie della pelle: riduce eczemi, dermatiti e persino l'asma[106]. Brevi immersioni forestali possono avere effetti positivi in bambini cittadini con malattie allergiche. Inoltre, allevia l'artrite e riduce anche i dolori articolari; le persone con fastidi alla schiena e al collo traggono notevoli vantaggi dai bagni nella foresta.

Ma i benefici di gran lunga maggiori dell'immersione in foresta riguardano il nostro cervello.

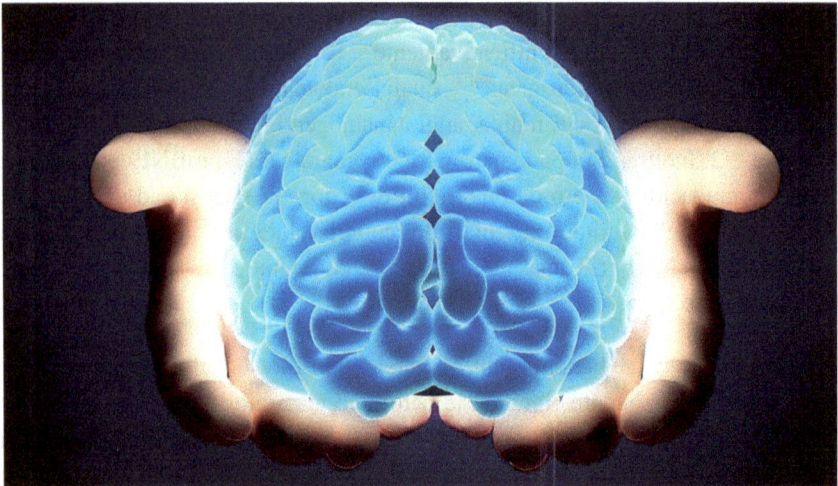

L'immersione in foresta produce notevoli benefici sulla salute mentale a ogni età: riduce ansia, stress, depressione e migliora il tono dell'umore; normalizza quantità e qualità del sonno; aumenta i livelli di felicità e di energia fisica, con riduzione della fatica; in soggetti con Morbo di Parkinson e Malattia di Alzheimer si sono verificati rallentamenti della progressione della patologia ed anche miglioramenti significativi[107-114]. L'ambiente più efficace, ripetiamo, è una foresta ricca di corpi d'acqua[115].

Onde cerebrali alfa (rilassamento) e beta (attenzione) aumentano in seguito all'immersione in foresta: migliora sia la "realtà Beta", quella delle decisioni, azioni e percezioni calibrate principalmente nella dimensione della realtà circostante, sia la "realtà Alfa", quella di creatività, focus artistico, rilassamento e percezione anche della dimensione intrapsichica, del rapporto con sé e la propria esperienza interiore.

Gamma >30 Hz	Stati mistici Iper concentrazione
Beta 14-30 Hz	Stato di veglia Attenzione Attività quotidiana
Alpha 07-14 Hz	Rilassamento Percezione Sogno, sogno lucido
Theta 04-07 Hz	Alta creatività Sonno leggero
Delta 0,5-04 Hz	Sonno profondo Risanamento fisico

La meditazione e le esperienze in foresta producono effetti simili a livello neurale, con maggiori oscillazioni e più efficiente sincronizzazione alfa-teta, che denotano un miglioramento della connettività funzionale[117].

L'esposizione alla foresta migliora gli esiti sulle funzioni psicologiche e cognitive e sul benessere di un programma di mindfulness di 3 settimane[118]. Uno studio dell'Università del Michigan[119] evidenzia che gli studenti ricordano un 20% di dati in più dopo aver fatto una passeggiata tra gli alberi rispetto ad una passeggiata nelle affollate strade cittadine. Per l'Università di Stanford, camminare nel verde allevia l'ansia e altre emozioni negative e favorisce i pensieri positivi; passeggiare tra gli alberi ci aiuta a pensare in modo diverso e vedere le cose in una luce migliore[120]. Una ricerca delle Università di Utah e Kansas fa vedere che un'immersione nel verde di vari giorni incrementa la capacità di risolvere i problemi e la creatività del 50%[121]. Soprattutto, di fronte a grandi alberi diveniamo meno egoisti e cominciamo a pensare agli altri[122,123].

Il contatto con foreste maestose ci rende più premurosi e più attenti alle esigenze altrui[124].

Il National Health Service del Regno Unito prevede la prescrizione di dosi di natura ("Nature Prescription") come parte integrante delle terapie tradizionali.

In generale, nel Mondo vengono proposte varie modalità di immersione in foresta, da protocolli di Weekend con 5 immersioni di 2 ore su 3 giorni (una il venerdì pomeriggio, due il sabato e due la domenica), a regolari immersioni 2-3 volte a settimana di 2-3 ore ciascuna, fino alla singola passeggiata di almeno 3-4 ore, sufficiente secondo il Prof. Qing Li anche una sola volta al mese per ottenere significativi risultati sull'aumento dei linfociti NK e delle proteine anticancro.

Si consiglia di camminare tranquillamente, senza mai andare in affanno e abbastanza a lungo, come minimo per almeno 2 ore piene.

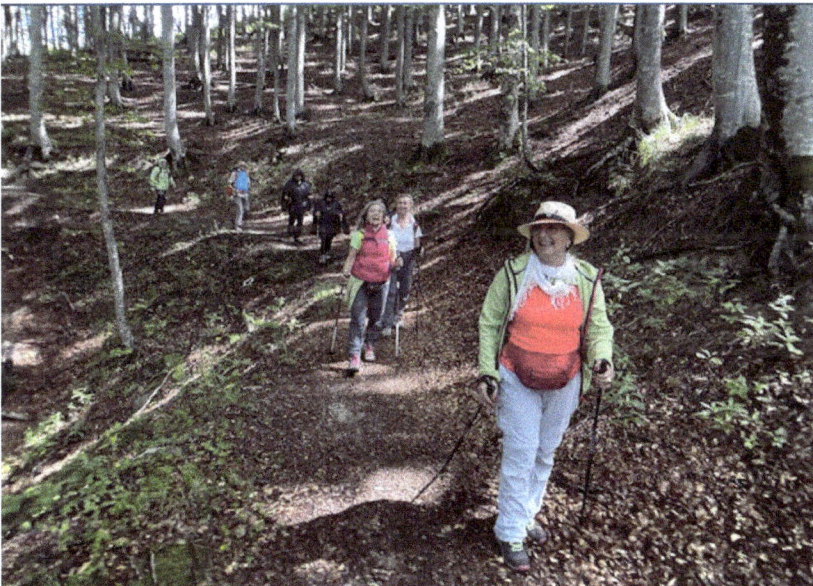

L'immersione in foresta deve avvenire in assoluto benessere, senza il minimo affanno

7. I MECCANISMI DELLA MEDICINA FORESTALE

La prima, e forse la più conosciuta, è l'Ipotesi della Biofilia. Il termine è stato coniato dapprima da Erich Fromm nel 1964[125], con approccio psicoanalitico, come amore e rispetto verso la vita in sé e verso tutti i processi vitali, le creature e le varie forme di vita. È stato poi riusato da Edward Wilson nel 1984[126], con approccio evoluzionistico, come tendenza innata a focalizzarsi sulla vita e sui processi vitali, ripreso poi nel 2016 anche da Giuseppe Barbiero[127]. Secondo questa ipotesi, nella Natura ricca di Verde ritroviamo i nostri punti di riferimento ancestrali, le savane e le foreste delle nostre bisnonne scimmie arboricole, dove possiamo recuperare un "ben-essere" globale, fisico e psichico, che non possiamo raggiungere altrove.

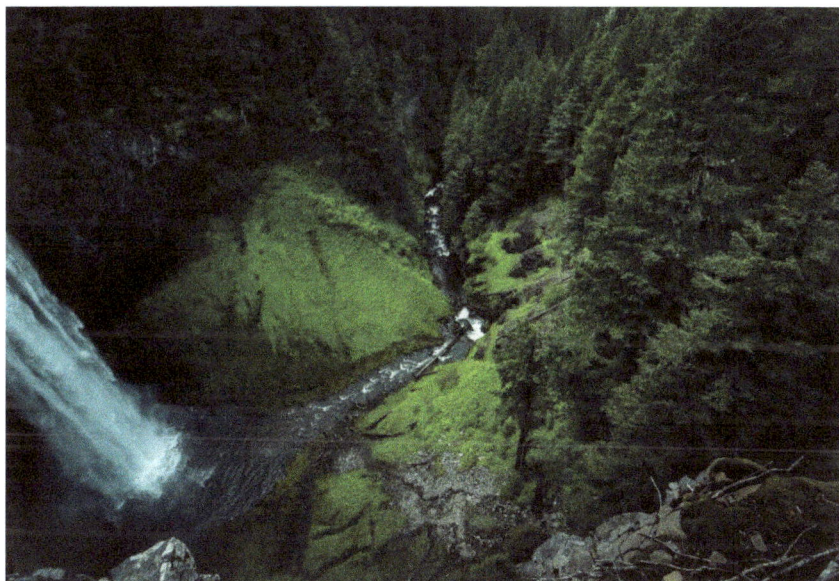

L'immersione in foresta, come abbiamo detto, avviene attraverso i nostri sensi.

Per quanto riguarda la vista, le onde corte (verde delle latifoglie, verde-blu delle conifere) calmano: la frequenza cardiaca rallenta, il Sistema Nervoso e la pressione arteriosa si equilibrano. La forma verticale dei tronchi evoca vita, salute, forza, fiducia. I rami simboleggiano unità e aiuto reciproco.

L'udito ci fa percepire la vita della foresta. Come gli altri sensi, anche l'udito va educato a sentire quando iniziamo a immergerci nel verde.

Il tatto ci permette un contatto diretto, spontaneo, profondo, innanzitutto con le cortecce degli alberi, con le foglie, con prudenza coi cespugli del sottobosco.

L'olfatto ci fa percepire le fragranze della foresta, il gusto i vegetali edibili e anche il sapore dell'aria fresca e profumata.

Olfatto e gusto stimolano le parti arcaiche del cervello e innescano una conoscenza preverbale, emotiva e ineffabile, non esprimibile bene a parole ma chiara come vissuto.

L'aria nella foresta è dolce e fresca; traiamo piacere dalle essenze e aromi forestali; il bosco ci dà un senso confortevole di piacere.

I fattori che contribuiscono a questa atmosfera sono: i terpeni, la luce soffusa, la temperatura gradevole, l'alta concentrazione di ioni negativi.

I più studiati dai ricercatori sono i terpeni. Costituiti da multipli dell'isoprene, ve ne sono a migliaia e sono emessi da molte piante (salvia, menta, rosmarino, lavanda, agrumi e numerosi alberi), così come da funghi, batteri e alcuni insetti. Sono molecole aromatiche volatili che diventano parte dei gas atmosferici; proteggono l'organismo che li emette da minacce esterne (malattie, parassiti); vengono facilmente assorbiti da pelle e mucose; sono i componenti principali delle resine e degli oli essenziali.

Conferiscono a ogni fiore o pianta il loro caratteristico odore o aroma e sono anche i precursori biosintetici degli steroidi e carotenoidi.

Classificazione	Unità isopreniche	Atomi di carbonio
emiterpeni	1	5
monoterpeni	2	10
sesquiterpeni	3	15
diterpeni	4	20
sesterterpeni	5	25
triterpeni	6	30
politerpeni	>6	>30

Il limonene, terpene dal forte aroma agrumato, si trova nella scorza degli agrumi, nel rosmarino e nel ginepro. È un potente agente ansiolitico, ha effetti antidepressivi ed evidenza sierica di stimolazione immunitaria; produce anche l'apoptosi delle cellule del cancro al seno; migliora il reflusso gastro-esofageo ed opera lo "scavenging" (inattivazione) dei radicali liberi (prodotti dalle reazioni chimiche fisiologiche che usano ossigeno, ma che in eccesso possono favorire malattie e invecchiamento).

Limonene

Il pinene è un monoterpene biciclico; ha come isomeri l'α-pinene, il β-pinene e il γ-pinene (raro). Rilascia un gradevole aroma balsamico (odore di resina, odore di legno di pino) volatilizzandosi. È abbondante nelle conifere e nel rosmarino, così come nell'olio di eucalipto e della buccia d'arancia. Inibitore dell'acetilcolinesterasi, favorisce il rilassamento, il buonumore, il miglioramento della memoria, della concentrazione e dei processi cognitivi. È stato suggerito anche per il trattamento di condizioni quali artrite, asma, acne, patologie neurodegenerative (Alzheimer, Parkinson) e tumorali quali neuroblastoma, melanoma, carcinoma epatico. L'α-pinene è il terpene più diffuso in natura, con un fresco aroma di pino; il β-pinene ha un odore più erbaceo, come di basilico.

Abete rosso

Linalolo: monoterpenoide che si trova negli oli essenziali di basilico, bergamotto, coriandolo e, soprattutto, di lavanda. Ha proprietà sedative, ansiolitiche e anticonvulsivanti ed è alla base delle straordinarie proprietà terapeutiche dell'olio essenziale di lavanda, che cura le bruciature della pelle senza lasciare cicatrici.

Lavanda

Il mircene è uno dei terpeni più diffusi in natura; si trova in moltissime piante tra cui trifoglio, salvia, luppolo, cumino, citronella, verbena; sprigiona un aroma di terra e muschio, simile ai chiodi di garofano, che caratterizza i fiori di canapa e altre erbe medicinali ed aromatiche; emana anche sapori di frutta ed uva rossa, con sentori balsamici e speziati. Gli studi condotti sul mircene hanno evidenziato effetti sedativi, analgesici, antinfiammatori, antiossidanti, miorilassanti, antisettici e antibiotici.

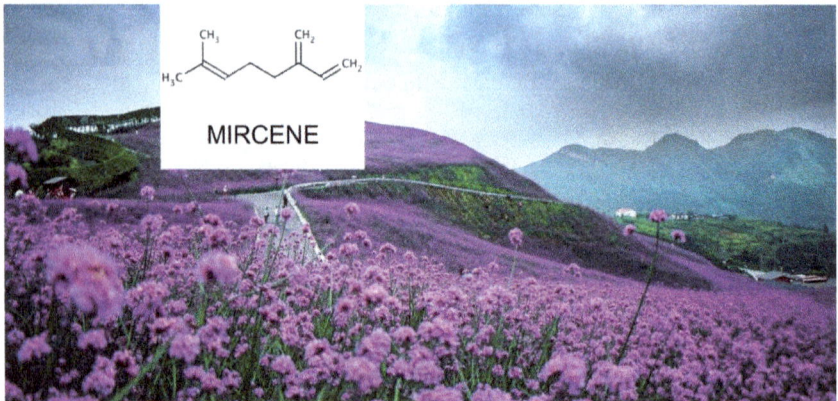

Campo di verbena

74

Il β-cariofillene è un sesquiterpene presente in molte spezie e piante officinali: pepe nero, chiodi di garofano, rosmarino, luppolo, cannella, origano, cannabis. Possiede proprietà antiinfiammatorie, analgesiche, antiossidanti nonché cardio-epato-nefro-gastro-neuro-protettive. Alcuni studi hanno evidenziato attività contro l'obesità; usato nella aromaterapia conferisce sensazioni di gioia ed euforia, migliorando l'umore e alleviando lo stress. Ha un aroma speziato, legnoso e pepato e pare sia l'unico terpene capace di interagire con il sistema endocannabinoide dell'organismo, con immunomodulazione. Non correlati alle sue interazioni col sistema endocannabinoide, il β-cariofillene ha mostrato inoltre benefici nel trattamento dell'abuso di alcol e cocaina ed è considerato anche un potente agente anticancerogeno.

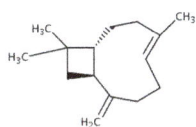
β-cariofillene

Rosmarino

Ad oggi sono stati identificati più di 55.000 terpeni e ne vengono via via scoperti di nuovi. Componenti degli oli essenziali e dell'aromaterapia effettuata fin dai tempi antichi, sono composti biologicamente attivi e la medicina ufficiale sta sempre più interessandosi alle loro complesse proprietà[128,129].

I maggiori produttori di terpeni sono varie specie di alberi. Le conifere accumulano i monoterpeni nei condotti contenenti la resina; le latifoglie non hanno strutture di stoccaggio e liberano i monoterpeni non appena li producono. Ad alte emissioni di terpeni sono il leccio, la sughera, la quercia spinosa, il faggio; ad emissioni medioalte il castagno; il pino domestico, marittimo, d'aleppo e silvestre; l'abete rosso; la betulla; il pioppo tremulo; l'eucalipto[130,131].

In presenza di abbondante massa fogliare, molta luce, grandi alberi e temperatura elevata si ha la maggiore emissione di terpeni[132]. Di giorno, nei versanti soleggiati, camminare in un bosco di grandi alberi maturi è estremamente benefico, specialmente di primo mattino o di primo pomeriggio, quando per molte specie arboree vi sono due picchi di emissione di monoterpeni.

Esperimenti di laboratorio confermano che i terpeni riducono lo stress e aumentano il rilassamento; in particolare, nei ratti riducono l'attività spontanea e la risposta cardiovascolare allo stress[133]; prolungano il sonno e riducono l'ansia nei topi[134].

In vivo, la esposizione delle persone ad alberi alti emettitori di terpeni provoca risposte molto veloci del sistema nervoso autonomo: dopo cinque minuti, la pressione arteriosa sistolica e la frequenza cardiaca diminuiscono mentre la pressione diastolica si normalizza; diminuisce anche l'attività del sistema simpatico (il sistema del "lotta o fuggi") ed aumenta quella del parasimpatico (il sistema del rilassamento)[135].

Marina di Grosseto: la Pineta del Tombolo

Un'altra ipotesi, molto suggestiva ma ancora priva di sufficiente riconoscimento da parte della comunità scientifica internazionale, è quella del cosiddetto "Bioenergetic Landscape". A partire da W. Kunnen[136], vari Autori hanno studiato i campi elettromagnetici estremamente deboli che vengono emessi dalle piante, come dagli esseri umani (H.S. Burr[137], R. Gerber[138], H. Frolich[139], C.V. Smith e S. Best[140], P. Bellavite[141], M. Nieri[142]). Secondo questi Autori, entrare in contatto con un albero provoca in noi una risposta bioenergetica misurabile. Contemporaneamente, il contatto col nostro campo elettromagnetico provoca una reazione misurabile nell'albero (Droscher[143], Monro[144], Rajda[145], Goodman[146], Backster[147], Nieri op. cit., Mancuso[148]).

Poeticamente, c'è chi ha parlato di "intensa melodia vegetale, con le nostre cellule incantate ascoltatrici".

"Intensa melodia vegetale, con le nostre cellule incantate ascoltatrici"

Secondo alcuni Autori, i campi magnetici destrogiri avrebbero su di noi effetti benefici e sarebbero emessi dalla maggioranza delle specie arboree: acero, agrifoglio, alloro, betulla, bosso, camelia, carpino, castagno, cedro, ciliegio, corbezzolo, corniolo, faggio, frassino, ginkgo, ippocastano, leccio, magnolia, melo, melograno, mirto, olivo, palma, pino, platano, quercia, rosmarino, salice, sambuco, tiglio; alcuni alberi, quali cipresso, lauroceraso, noce, oleandro e tasso, emetterebbero campi magnetici levogiri disturbanti[149,150].

Giardini e percorsi bioenergetici sono stati creati in alcune località italiane quali il "Bosco del sorriso – Oasi Zegna" di Biella, un percorso di circa 3 km tra faggi, abeti e betulle dove poter sperimentare in 16 diversi punti la benefica energia degli alberi; il giardino bioenergetico di Villa Boffo, sempre a Biella, centro per persone con demenza e malattie neurodegenerative, dove gli utenti possono sperimentare in area urbana un contatto ravvicinato e profondo con la natura, attraverso stimoli sensoriali, fisici ed energetici; il bosco della Tenuta dell'Annunziata di Uggiate Trevano (Como), di 13 ettari con 40 grandi alberi presso cui sostare; il giardino bioenergetico di Piazza Vittorio Emanele II, a Roma, dove è previsto un percorso con una serie di postazioni nelle quali i cittadini possano sostare per usufruire dei campi bioelettromagnetici di trentatrè alberi che, secondo i progettisti, generano intorno a loro ampie aree benefiche.

Il giardino bioenergetico di Piazza Vittorio Emanuele II, Roma

Come misurare le risposte bioenergetiche? Premesso che vengono definite come campi elettromagnetici debolissimi, percepibili fino a 30-40 cm dal tronco (toccando l'albero, il campo dell'albero diverrebbe più intenso), lo strumento più classico è "l'Antenna Lecher", con la quale si misura la risonanza elettromagnetica dell'antenna, che si amplifica attraverso la sensibilità biologica dell'organismo umano[151]. Ritenuta da molti non scientifica, sono stati proposti vari altri metodi di misurazione: strumenti di biorisonanza e bioelettrografia GDV (Gas Discharge Visualization) di K. Korotkov (S. Pietroburgo)[152,153]; telecamere computerizzate TRV (analisi vibrazionale a ultrasuoni) che percepiscono debolissime variazioni ottiche, infraottiche e vibrazionali; sensori ad ultravioletti che misurano HEF (Human Energy Field) e VEF (Vegetable Energy field)[154]; misurazioni del "fotone evocato"[155] che amplificano le emissioni del HEF.

Quello dell'interazione elettromagnetica alberi/uomini è un argomento molto suggestivo ma ancora privo di sufficienti conferme scientifiche, cioè di sufficienti studi riproducibili pubblicati sulle principali riviste mondiali indicizzate. Tuttavia, è un campo che si propone alla sperimentazione e suscita affascinanti domande, quali: che tipo di energia può irradiare una intera foresta di grandi alberi? Che effetto può avere sui suoi visitatori?

L'interconnessione tra i viventi con la sensazione di appartenere tutti a un'unica famiglia è tangibile quando camminiamo in una foresta e permette di connettersi meglio anche con se stessi, nell'esperienza tranquilla del presente (Mindfullness).

8. LA MEDICINA FORESTALE IN ITALIA

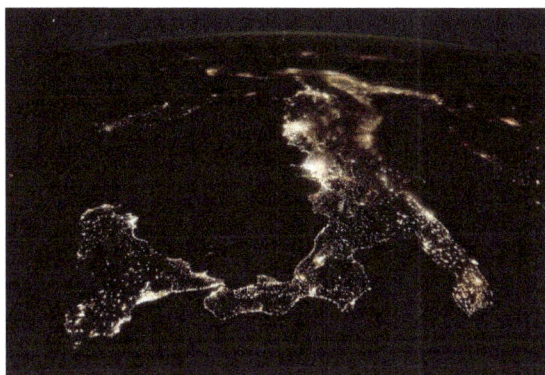

I boschi in Italia

In Italia sono attualmente presenti: l'Associazione Italiana di Medicina Forestale (AIMeF), nata nel 2018; la Società Italiana di Medicina Forestale (SIMeF), nata nel 2020 e di cui è Presidente il sottoscritto; numerosi gruppi e associazioni che praticano immersione in foresta o, in senso lato, terapia forestale. Stabilito che di "terapia" vera e propria si può parlare solo quando essa avviene sotto la responsabilità (diretta conduzione o attiva supervisione) di un Professionista abilitato a svolgere "attività terapeutica" (medico, psicoterapeuta medico o psicologo, fisioterapista/riabilitatore), la immersione in foresta, invece, non è specificamente regolata, se non dagli obblighi normativi (assicurazione ecc.) che riguardano la conduzione di gruppi di clienti in ambienti naturali.

Qui mi limito a presentare un gruppo multidisciplinare di operatori di cui fanno parte, tra gli altri, tre Università italiane: la TEFFIT, Terapie Forestali in Foreste Italiane. Ne fanno parte: il Corso di Studi in Scienze della Montagna dell'Università della Tuscia; il Laboratorio di Ecologia Affettiva dell'Università della Valle d'Aosta; il Centro Alcologico Regionale Toscano dell'Azienda Ospedaliero-Universitaria di Careggi (FI); ISDE-Associazione Medici per l'Ambiente; la Società Italiana di Medicina Forestale; l'Associazione Regionale Club Alcologici Territoriali (ARCAT) della Toscana; l'Ecomuseo della Montagna Fiorentina; il Bosco di Puck (del Laboratorio di Ecologia Affettiva dell'Università della Valle d'Aosta); l'Associazione "Effetto Foresta". Realizza una sinergia di Università in campo medico, biologico e forestale e di altri soggetti pubblici e privati, per il riconoscimento delle Terapie Forestali come Attività di Promozione della Salute nel Servizio Sanitario Nazionale.

Come già abbiamo visto, l'immersione in foresta avviene attraverso tutti e cinque i sensi, mediante le sensazioni fisiche, che vengono implementate. Vengono scelte foreste a biodiversità medio-alta, comprese quelle in fase di restauro e riqualificazione.

L'immersione è di 2-3 ore, preferibilmente due volte a settimana, minimo una. Lo scopo è quello di favorire i meccanismi d'azione della frequentazione della foresta e della relazione essere umano-foresta che determinano i benefici psicofisici osservati per questa pratica, in base alle evidenze scientifiche.

La TEFFIT forma Conduttori di Immersioni in Foresta, preparandoli a valutare il bosco; valutare le caratteristiche degli utenti; scegliere il percorso sulla base dell'analisi effettuata; effettuare una pianificazione di massima delle attività attuabili; valutare le matrici di biodiversità; dare istruzioni logistiche ai partecipanti (briefing); svolgere e fare svolgere le attività, effettuando il monitoraggio e le osservazioni; rispondere ad eventuali criticità; far effettuare la valutazione post intervento da parte degli utenti; svolgere infine il debriefing.

La TEFFIT inoltre effettua corsi di autoimmersione in foresta: corso teorico-pratico, rivolto a semplici utenti e famiglie, per comprendere cosa sono le immersioni in foresta e come praticarle per trarne i maggiori benefici.

Il corso di autoimmersione si pone lo scopo di fornire le conoscenze scientifiche di base e far fare pratica, affinché poi ognuno sia nelle condizioni di effettuare le immersioni in autonomia e liberamente, per migliorare la propria condizione psico-fisica tramite la frequentazione di specifici ambienti forestali.

La "Mission" consiste nello sviluppare un proficuo rapporto tra la popolazione delle città e le foreste di prossimità, finalizzato alla rigenerazione psicofisica e allo sviluppo di un rapporto di cura con le foreste, in una dinamica di reciproco scambio, secondo modalità ed atteggiamenti specifici, diversi da quelli abituali, che consentano di ottenere benefici sia fisici sia psicologici e, al contempo, preservino l'integrità delle foreste.

In concreto, suggerisce come entrare in contatto con i singoli "ingredienti" terapeutici dell'ambiente boschivo (inalando i terpeni, godendo dei paesaggi e suoni, ecc.) e introduce agli effetti sinergici di tutti gli elementi viventi delle foreste e alle modalità di relazione con essi.

9. LA MEDICINA FORESTALE NEL MONDO

2020

TROPICAL 45% BOREAL 27% TEMPERATE 16% SUBTROPICAL 11%

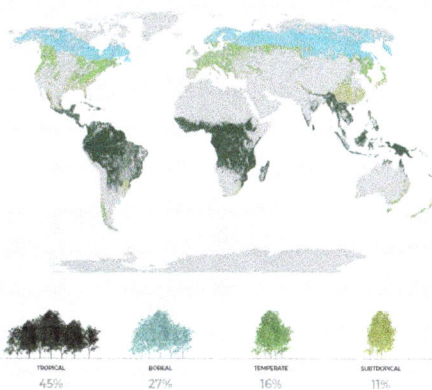

Le foreste nel Mondo – fonte: FAO, 2020

L'immersione in foresta nasce in Giappone. Il termine "Shinrin Yoku", in giapponese "Bagno di Foresta", è stato coniato nel 1982 dall'allora Direttore dell'Agenzia delle foreste, Tomohide Akiyama, che intuiva che le persone potevano essere curate attraverso la Natura e contemporaneamente, se incoraggiate a visitare le foreste per migliorare la propria salute, le persone sarebbero anche state incentivate a prendersene cura. Da allora, mediante lavori di pionieri quali il Prof. Yoshifumi Miyazaki, ricercatore e direttore del Centro ambientale, di salute e del campo delle Scienze della Chiba University e il Prof.

Qing Li, immunologo, fondatore e Presidente della Società Giapponese di Medicina Forestale, le terapie forestali e le immersioni in foresta si sono diffuse in tutto il Mondo.

The Japanese Society of Forest Medicine, nata nel 2007, si è posta fin dall'inizio ambiziosi obiettivi: espandere a livello mondiale la filosofia e i concetti della medicina forestale; verificare gli effetti preventivi della medicina forestale sulle malattie collegate agli stili di vita su tutto il pianeta; mettere a punto un sistema internazionale di formazione e accreditamento per specialisti in medicina forestale e terapia forestale; stabilire la terapia forestale come un trattamento di salute pubblica efficace, basato sulle evidenze e a basso costo per malattie dovute agli stili di vita; incorporare la medicina forestale nella medicina preventiva e riabilitativa.

"Lascia il telefono in hotel e parti verso la foresta più vicina per scovare il tuo rifugio tra gli alberi. Nessuna escursione, corsa o vertiginosa arrampicata. Puoi anche sederti, se vuoi. Prenditi un momento per goderti ciò che ti circonda e ascolta i suoni che ti avvolgono: il canto degli uccelli, il fruscio delle foglie, il gorgoglio dei ruscelli. Riempi i polmoni di aria pura e frizzante e lascia che la vista della trama della terra e della forma delle foglie catturi tutta la tua attenzione…Tocca il muschio morbido e verde che ricopre rocce dalle mille sfumature o la corteccia ruvida degli alberi. Lascia che la quiete che ti circonda si impadronisca della tua mente, spegnendo il moto costante della città"

The Japanese Society of Forest Medicine, nata nel 2007

Il 70% del Giappone è coperto da foreste, secondo Paese al Mondo dopo la Finlandia

In Giappone, il bagno di foresta è diventato una parte essenziale delle cure preventive, viene prescritto dai medici e ha contribuito a creare stili di vita più sani in ogni fascia di età. In tutto il Paese ci sono centri specializzati dove i visitatori imparano a mettere tutto in pausa, apprezzare la natura, concludere la giornata con la cerimonia del tè e tornare a casa rilassati e soddisfatti.

Monte Choyari, Giappone

Okinawa, immersione in foresta

Centro Nazionale di Terapia Forestale della Corea del Sud

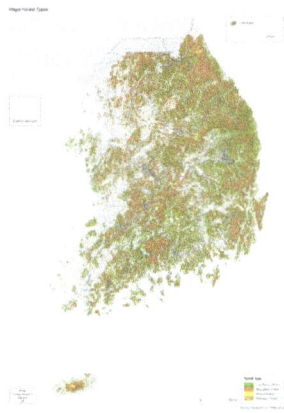

Le foreste della Corea del Sud

Il Centro Nazionale di Terapia Forestale della Corea del Sud è stato istituito per migliorare la salute delle persone e aumentare la qualità della vita utilizzando le abbondanti risorse forestali del Baekdudaegan Mountain Ridge, nel centro del Paese.

Il 64% della Corea del Sud è coperto da foreste (4° Paese al Mondo), ma il 93% della popolazione vive in città, con notevole incidenza di malattie correlate a stili di vita errati, per cui vi è una crescente richiesta di contatti con spazi verdi e foreste.

A partire dagli anni 90, sono state identificate nel paese 70 "foreste naturali ricreative", che sono aumentate a più di 160 negli ultimi 20 anni. Si sono sviluppati Centri visita, sistemi di prenotazione via Internet, facilitazioni per persone diversamente abili e una legislazione specifica, il "*Forestry Culture and Recreation Act*".

Nel tempo, sono stati svolti numerosi studi sull'immersione in foresta, che hanno dimostrato che promuove la salute mentale e diminuisce la depressione in madri singole, alcolisti, gruppi di anziani; incrementa le emozioni positive e l'autostima nei bambini; ha effetti positivi su bambini in età prescolare che sono esposti alla dipendenza da smartphone e su adulti esposti a stress da lavoro; comporta benefici sulla dermatite atopica, sull'ipertensione e sul diabete.

È stata messa a punto una strategia nazionale a lungo termine per espandere spazi forestali benefici in tutta la nazione, sviluppando programmi standardizzati di immersione in foresta, formazione di conduttori in foresta e ulteriore approfondimento di ricerche sui benefici dell'immersione in foresta. Tra le 160 "foreste ricreative" sono state scelte ad oggi 47 "foreste terapeutiche", con specifici programmi di immersioni in foresta di 1 o 2 giorni, nel weekend.

La rete delle foreste ricreative e terepeutiche della Corea del Sud

Dal 2013 sono stati messi appunto specifici programmi di formazione per istruttori di terapia forestale; al 2018 sono stati certificati oltre 700 istruttori. Vi sono programmi di immersione in foresta per bullismo nelle scuole; disadattamento scolastico; disturbo da stress post reumatico nelle forze dell'ordine; persone fuggite dalla Corea del Nord con ansia, depressione e disadattamento sociale.

The National Center of Forest Therapy, Gimcheon, Corea del Sud

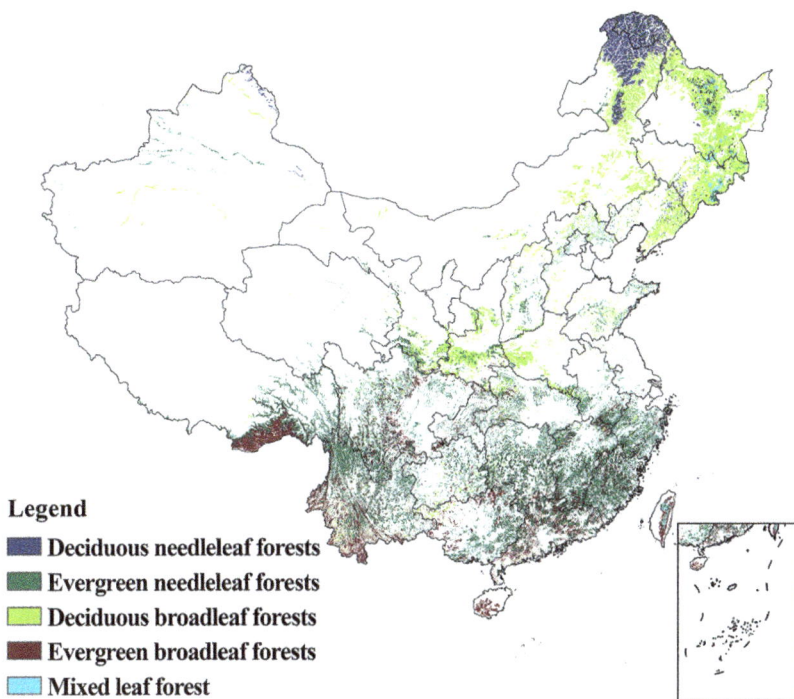

Mappa delle foreste in Cina

In Cina, a partire dagli anni '80, i medici hanno studiato gli effetti delle foreste sulla salute e nel 2011 è stato infine introdotto il modello di terapia forestale denominato "Forest recuperation".

Si basa sulla medicina, comprendendo sia elementi della medicina forestale internazionale, sia della medicina tradizionale cinese ed è soprattutto per anziani, cardiopatici, persone con malattie croniche e/o in fase di riabilitazione.

La Forest recuperation (Terapia forestale) viene svolta in foreste di alta qualità e non deteriorate e in specifiche condizioni geografiche, topografiche e ambientali. La vegetazione viene mantenuta per ottenere i massimi benefici. Le strutture artificiali sono limitate al minimo, allo scopo di realizzare una immersione quanto più chiara e completa nell'ambiente naturale. Vengono valutati regolarmente i dati medici e sperimentali; si forniscono in loco indumenti, cibo e ripari adeguati. I programmi sono differenziati per i sani, per pazienti con malattie croniche, correlati all'età, a specifiche condizioni patologiche e/o post-operatorie. I residenti nelle città sono il target principale.

La popolazione della Cina sta diventando sempre più urbanizzata, anziana, affetta da disturbi da stress e da stili di vita insalubri, per cui aumenta l'interesse del governo cinese verso le terapie forestali e le immersioni in foresta. Dal 2015, in tutte le province della Cina, l'amministrazione statale cinese delle foreste sta sviluppando attività di "Forest recuperation" e di benessere in foresta, promuovendo campagne promozionali, discussioni, formazione di professionisti, verifiche scientifiche.

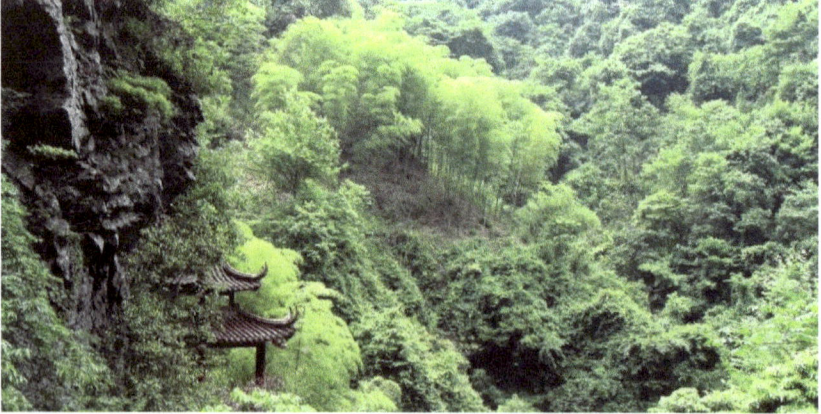

Queste attività offrono percorsi di salute in foresta, sorgenti calde termali, tea-houses forestali, diete salutari, aromaterapie, attività sportive salutari, controlli scientifici, esperienze in foresta, bird-watching in foresta, insegnamenti teorici, educazione alla Natura, qi-gong in foresta ecc.

Attività di "Forest recuperation" in Cina

Temi per il futuro della Medicina Forestale in Cina sono:

- promuovere lo sviluppo e la qualità delle foreste;
- confrontarsi con la realtà degli altri paesi, in particolare sulla formazione di operatori specializzati;
- focalizzarsi sui bisogni e attese degli utenti;
- cooperare con tutto il turismo del benessere;
- promuovere attivamente leggi e politiche che favoriscano la medicina forestale;
- collaborare con le realtà locali.

La Grande Muraglia

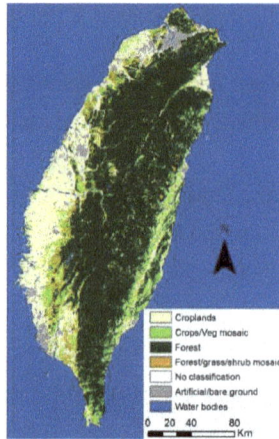

La copertura forestale in Taiwan

Taiwan, Alishan National Forest Recreation Area

Il 60,7% dell'isola di Taiwan è coperta da foreste. Pratiche di immersione in foresta sono iniziate precocemente, dal 1983. Sono state create 18 aree nazionali di ricreazione forestale; la Foresta sperimentale dell'Università Nazionale di Taiwan è il sito principale dove si studia la Medicina Forestale, in collaborazione con l'Ospedale universitario nazionale di Taiwan.

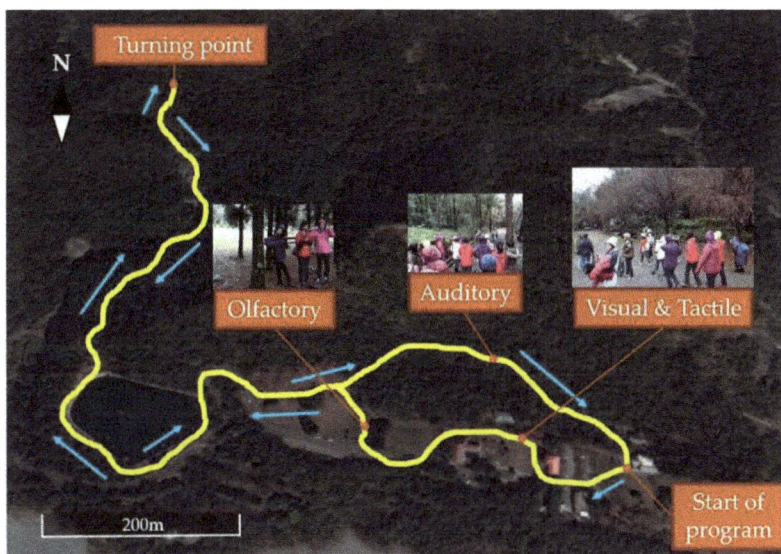

Percorsi di immersione in foresta in Taiwan

Risultati di alcune ricerche: l'immersione in foresta riduce il rischio di malattie cardiovascolari; abbassa la frequenza cardiaca e la pressione arteriosa; diminuisce ansia, depressione, fatica, timore, paura, confusione e aumenta le emozioni positive.

Area di ricreazione forestale

Foreste: tropicali   paludose   costiere   di montagna

Anche la Malesia è ricca di foreste, soprattutto di dipterocarpi.

Non esiste una Medicina Forestale ufficiale, ma gli aborigeni Orang Asli praticano il "Mandi Embun": fare il bagno nella rugiada della foresta, al mattino, camminando a piedi nudi, che sostengono migliori grandemente la salute psicofisica…

Foresta di dipterocarpi

Capanna di aborigeni Orang Asli

Mandi Embun

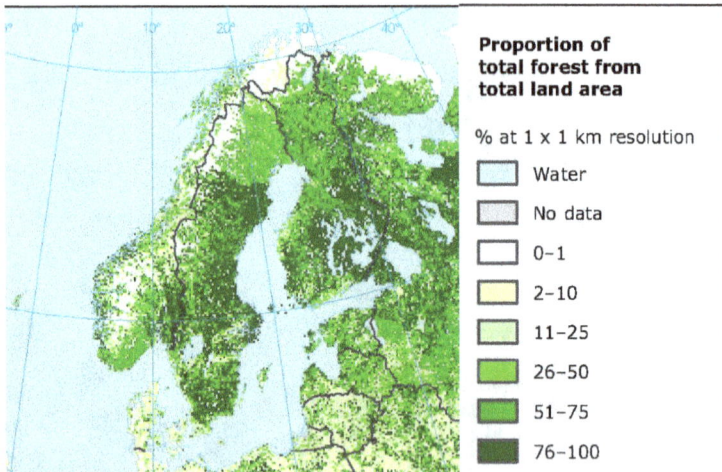

Le foreste nella penisola scandinava

In Norvegia si pratica il "Friluftsliv" (outdoor nature life).

Friluftsliv è una filosofia, uno stile di vita. È un impegno a trascorrere il proprio tempo all'aria aperta, non importa l'età o la condizione fisica e a prescindere dalla stagione e dalle previsioni del tempo. Le attività di friluftsliv includono un po' di tutto, tra esse il Forest Bathing…

Norvegia: il Friluftsliv

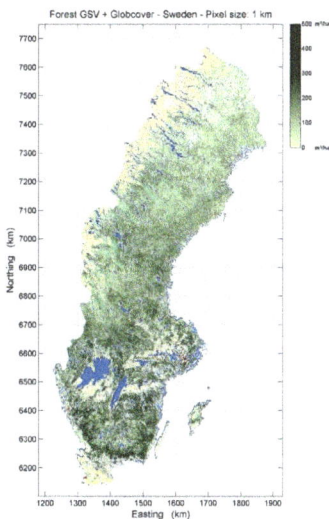

Le foreste svedesi: the Swedish Skogsbad

La Svezia possiede, da sola, il 17,6% delle foreste dell'Unione Europea.

Lo Scandinavian Nature and Forest Therapy Institute (SNFTI) di Stoccolma è una risorsa per la terapia basata sulla natura e per la collaborazione e l'integrazione della connessione con la natura finalizzata a salute e benessere di persone e natura.

Scandinavian Nature and Forest Therapy Institute (SNFTI), Stoccolma

Le ricerche finora effettuate hanno dimostrato, tra l'altro, che persone depresse, dopo aver passato due ore in una foresta di conifere boreali due volte a settimana per tre mesi hanno mostrato un notevole miglioramento[156].

Come anche in altri Paesi, si è visto che per essere terapeutiche le foreste devono essere aperte, luminose, permettere di guardarsi intorno, far percepire un senso di grandezza, contenere grandi alberi ma anche offrire un certo grado di protezione[157].

Di solito le persone trovano un posto favorito dove passano la maggior parte del tempo; a volte camminano, a volte sonnecchiano o si stendono...

Per quanto riguarda l'acclimatamento all'ambiente forestale delle persone che provengono dalla vita in città, è stata descritta una successione psicologica che nel giro di due/tre mesi passa da una situazione iniziale di frustrazione e relativa difficoltà ad adattarsi alla natura, a una fase successiva nella quale si iniziano a scegliere nella foresta dei posti favoriti, si comincia a trovare la pace della mente e a sviluppare il pensiero riflessivo, per vivere infine una maggiore comunione con gli alberi e la natura ed accedere a desideri di cambiamento.

Dal 2017 si praticano attività educative, turistiche e di benessere in foresta, praticando il cosiddetto "Swedish Skogsbad" (bagno di foresta svedese).

Swedish Skogsbad

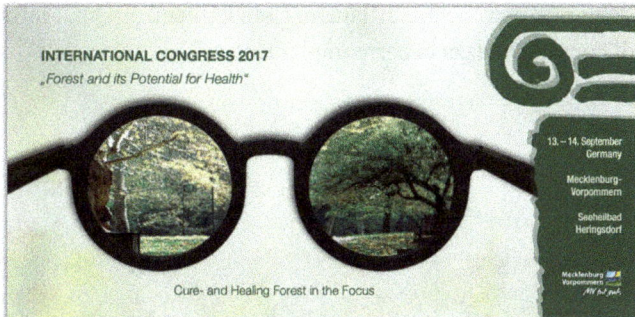

Il primo Congresso Internazionale di Terapia Forestale

Le foreste in Germania

Il primo Congresso internazionale "Forest and its Potential for Health" si è tenuto il 13-14 Settembre 2017 a Seeheilbad Heringsdorf, Insel Usedom, Germania.

Il primo progetto tedesco di ricerca in Terapia forestale è stato effettuato nel 2018, presso la Grunewald (foresta verde) ad opera della Charité University Medical School di Berlino. Sono state studiate coorti di pazienti cardiovascolari, con stress severo, obesi e diabetici. I parametri indagati sono: pressione arteriosa sistolica e diastolica, frequenza cardiaca, ossigeno e cortisolo ematici, prima e dopo immersione in foresta, con o senza guide esperte in immersione in foresta.

La terapia forestale in Germania segue un approccio di salute pubblica; le principali domande sono: con quale frequenza una persona deve partecipare a immersioni in foreste guidate? Quanto a lungo perdurano gli effetti di una immersione in foresta standard di due/tre ore? Quanto sono efficaci le immersioni guidate in foresta per combattere le malattie dovute agli stili di vita (cardiovascolari, respiratorie, mentali, obesità)? L'immersione in foresta deve essere prescritta dal medico di base e supportata finanziariamente dalla sanità pubblica? Quali ricerche occorre effettuare e chi le finanze? Quali infrastrutture e campagne di consapevolezza occorre implementare?

Grunewald (Berlino)

La Foresta Nera (Germania)

Cartina dei boschi austriaci

Si è tenuto in Austria, il 6-7 novembre 2018, il secondo Congresso internazionale "Forest and its potential for Health", a Krems an der Donau. La Medicina Forestale in Austria fa riferimento al Centro federale austriaco di ricerca e formazione per le foreste.

Si svolgono immersioni guidate in foresta, workshop in foresta di uno o più giorni con istruttori certificati, crescenti iniziative di turismo di salute "evidence-based", considerando la foresta come spazio di salute.

Foreste in Austria

105

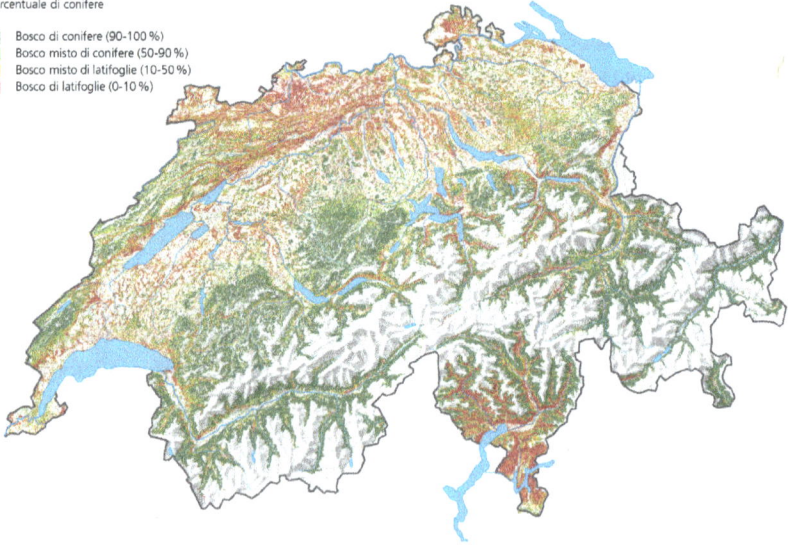

Percentuale di conifere

- Bosco di conifere (90-100 %)
- Bosco misto di conifere (50-90 %)
- Bosco misto di latifoglie (10-50 %)
- Bosco di latifoglie (0-10 %)

I boschi svizzeri

La Svizzera ha sviluppato nel 2017 il Progetto "Le Nostre Foreste per la Salute Umana", che si basa su:

- studi scientifici sugli ecosistemi forestali salutari
- principi e raccomandazioni per mantenere le foreste
- identificazione di tutti i soggetti portatori di interesse
- implementare la Terapia forestale come prevenzione (primaria, secondaria, terziaria), terapia, riabilitazione; definirne le linee guida; condurre "Randomized Clinical Trials" con pazienti specifici (cardiovascolari, diabete, stress ecc.)
- implementare gli eventi di Terapia forestale

III Congrés Internacional sobre el Potencial dels Boscos en la Salut

7 - 10 October 2019, Catalonia (Girona - La Garrotxa)

ESP III Congreso Internacional sobre el Potencial de los Bosques en la Salud

ENG III International Congress on Forest and its Potential for Health

CAT
SALUT I BENESTAR · DESENVOLUPAMENT SOSTENIBLE · SERVEIS ECOSISTÈMICS · NOU RECURS FORESTAL · ECONOMIA DE LA SALUT · RECERCA SANITÀRIA · CUSTÒDIA

ESP
SALUD Y BIENESTAR · DESARROLLO SOSTENIBLE · SERVICIOS ECOSISTÉMICOS · NUEVO RECURSO FORESTAL · ECONOMÍA DE LA SALUD · INVESTIGACIÓN SANITARIA ·

ENG
HEALTH AND WELLBEING · SUSTAINABLE DEVELOPMENT · ECOSYSTEM SERVICES · NEW FOREST RESOURCE · HEALTH ECONOMY · HEALTH RESEARCH ·

In Spagna si è svolto il terzo Congresso internazionale "Forest and its Potential for Health" dal 7 al 10 ottobre 2019, in Catalogna (Girona-La Garrotxa)

Si è concluso con impegni verso: approfondire le ricerche scientifiche; promuovere network di foreste terapeutiche; coinvolgere le istituzioni nazionali e internazionali; minimizzare l'impatto negativo umano sulle foreste; implementare comunicazione, dialogo, collaborazioni.

Parco naturale della zona vulcanica della Garrotxa

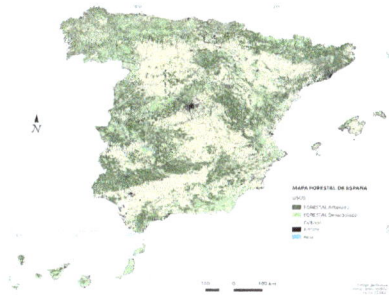

Mappa delle foreste della Spagna

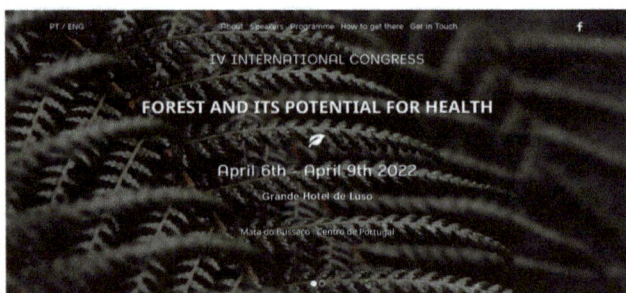

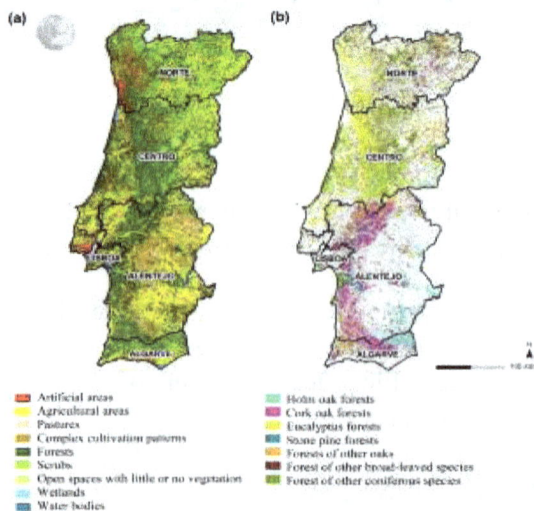

Le foreste in Portogallo

Si è infine svolto in Portogallo il quarto Congresso internazionale "Forest and its Potential for Health", il 7-9 aprile 2022 a Luso & Mata do Bussaco.

È stata sottolineata l'importanza di stabilire uno scambio basato su prove scientifiche per collegare salute, biodiversità e turismo come visione per il decennio e di promuovere la prescrizione da parte dei medici dei trattamenti di Forest therapy, come accade già in Gran Bretagna e in Corea del Sud.

Questi trattamenti devono poi essere eseguiti da professionisti qualificati, il che è in linea con il concetto di certificazione forestale curativa.

Nel contesto delle attività di terapia forestale deve essere svolta anche una ricerca di accompagnamento sull'efficacia delle terapie forestali. I risultati finora indicano che le immersioni in foresta hanno un effetto benefico per la salute, tuttavia è importante ottenere più dati ed estendere le sperimentazioni a varie coorti di utenti: gli effetti delle terapie forestali devono essere studiati ulteriormente e in modo più completo. Così come devono essere implementati gli standard e i processi di certificazione delle guide all'immersione in foresta.

Parco naturale della Sierra de Cebollera

Boschi nelle isole Azzorre

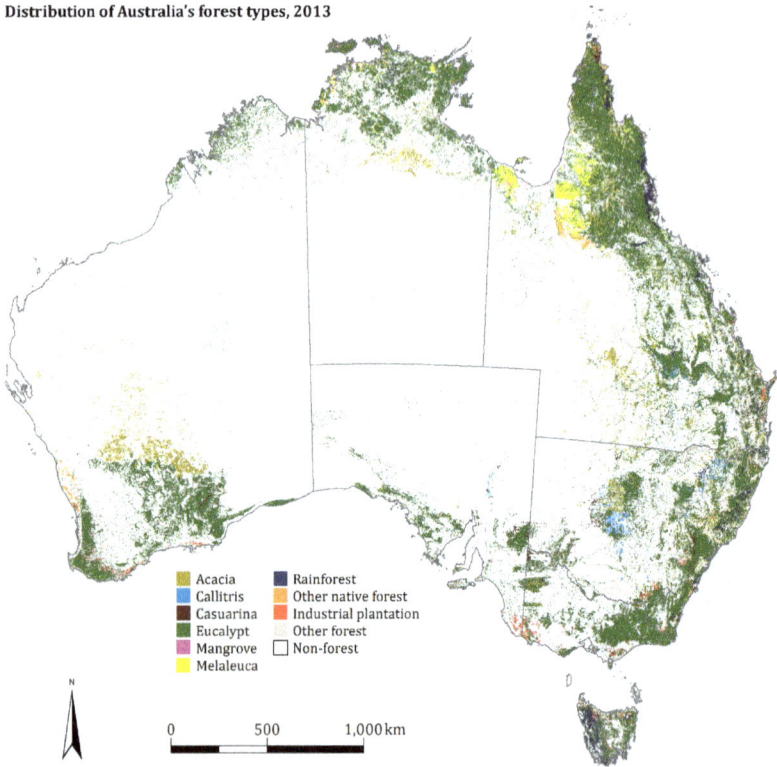

Acacia
Callitris
Casuarina
Eucalypt
Mangrove
Melaleuca

Rainforest
Other native forest
Industrial plantation
Other forest
Non-forest

N

0   500   1,000 km

L'86% dei 25 milioni di abitanti dell'Australia è urbanizzato e i maggiori problemi di salute sono il sovrappeso e l'obesità. Più del 60% degli Australiani fa meno di 30 minuti di attività fisica al giorno e secondo l'Australian Psychological Society (2015) il 72% degli Australiani ha disturbi da stress fisici e il 60% ha disturbi mentali.

Ogni anno, si scoprono 645.000 nuovi casi di coronaropatia; 1,2 milioni di Australiani ha il diabete; un Australiano su 3 ha disturbi muscoloscheletrici o respiratori.

Per tutti questi motivi, l'Australia è ricca di iniziative di "Forest bathing" e di Medicina Forestale. Nel solo stato di Victoria, le attività in foresta si calcola che facciano risparmiare 265 milioni di dollari australiani all'anno e si programmano su tutto il territorio australiano, specialmente verso persone inattive o con elevati livelli di stress.

INFTA
International Nature and Forest Therapy Alliance

Partendo dalle esperienze positive in Giappone, Corea del Sud e Paesi europei, nel 2017 è nata The International Nature and Forest Therapy Alliance (INFTA), con sede a Melbourne ma con una prospettiva globale e internazionale, i cui scopi sono:

1. Promuovere a livello internazionale la consapevolezza e lo sviluppo della Terapia forestale, con riferimento alla impostazione giapponese di salute pubblica dello Shinrin Yoku.
2. Introdurre, definire, certificare, monitorare e (se del caso) modificare curricula, materiale educativo, organizzazione, standard della terapia forestale.
3. Collegarsi ad altre organizzazioni nazionali/internazionali, enti pubblici e privati e vari stakeholders, per promuovere, mantenere, verificare elevati standard educativi, formativi, di monitoraggio e di ricerca.

La INFTA implementa e promuove la Forest Therapy come pratica di salute pubblica basata sulle evidenze attraverso partenariati internazionali con istituti di ricerca, enti governativi e altre parti interessate. Punti chiave: trovare un comune denominatore nella definizione di che cosa sia terapia forestale e come debbano essere formate delle guide certificate per la terapia forestale.

Dal 2019, i Royal Botanic Gardens Victoria di Melbourne sono uno dei maggiori centri australiani di terapia forestale, dove tra l'altro si svolgono programmi speciali per anziani, per aziende e gruppi privati, per turisti.

Royal Botanic Gardens Victoria, Melbourne

La INFTA ha concordato partnership in Giappone, Corea del Sud, Cina, Taiwan, Europa e USA; stabilisce gli standard e organizza la formazione delle Guide di terapia forestale certificate INFTA a livello nazionale e internazionale.

La formazione delle guide di terapia forestale si basa sullo International Core Curriculum for Forest Therapy (ICCFT), progettato da INFTA nel 2017 e convalidato da oltre 120 esperti internazionali provenienti da 20 paesi.

La formazione inizia con uno stage residenziale di cinque giorni di introduzione alla terapia forestale. Chi prosegue, affronta un intenso percorso formativo di sei mesi. Nei 6 mesi di training, le guide sviluppano abilità e competenze per:

- organizzare e condurre sessioni di Forest Therapy nelle foreste e in altri ambienti naturali
- comprendere le dinamiche di gruppo e gestire le persone
- conoscere le ricerche basate sulle evidenze per la terapia forestale
- gestire situazioni, rischi ed evenienze (tempo, luoghi)
- comunicare e implementare i valori personali
- consentire ai partecipanti di diventare connessi con la natura e consapevoli dell'ambiente.

Superando gli esami finali, si ottiene la qualifica di Guida di Terapia Forestale certificata e accreditata, che in Australia ha il valore di un diploma secondario.

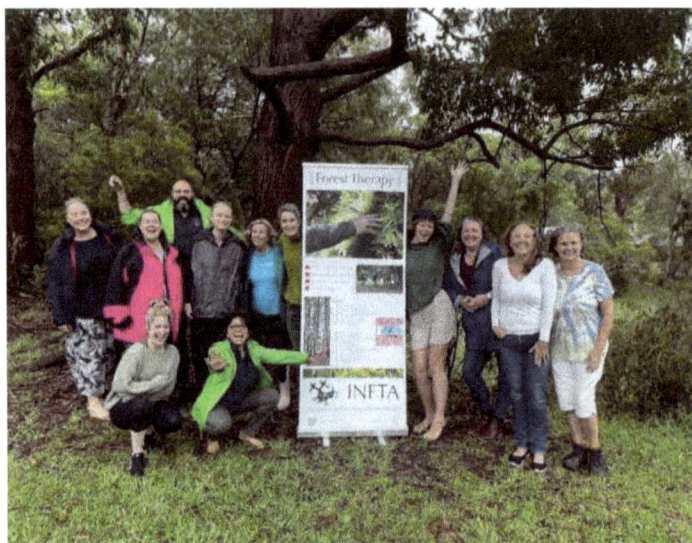

La INFTA ha promosso un Consenso di Esperti sulla definizione della terapia forestale come "una pratica di salute pubblica basata sulle evidenze, come importante strumento di medicina preventiva per giovani e vecchi, uomini e donne, persone attive e meno attive".

Definizione internazionale di terapia forestale (120 esperti di 20 Paesi – INFTA & ICCFT):

"La terapia forestale è una pratica di salute pubblica basata sulle evidenze. Le passeggiate guidate di terapia forestale sono la combinazione di una miscela specifica di esercizi fisici e mentali complementari tra loro nel contesto di idonee foreste disponibili nei luoghi circostanti e sono finalizzate a ridurre/normalizzare il ritmo cardiaco, la pressione arteriosa e i livelli di stress mentre allo stesso tempo vengono rinforzati il sistema immunitario, cardiocircolatorio e il complessivo benessere psicofisico".

Si stanno inoltre cercando di stabilire dei minimi denominatori comuni per quanto riguarda la formazione delle guide alle immersioni in foresta, sia pure in presenza di inevitabili differenze tra realtà ed esigenze locali.

In Giappone, ad esempio, si distingue tra guide per la terapia forestale e veri e propri "terapisti forestali"; questi ultimi, in accordo con le norme del Paese, sono appositamente formati per condurre specificamente in foresta persone con varie patologie croniche o ricoverate in ospedale o in clinica.

In ogni caso, per raggiungere gli standard richiesti dalla International Nature and Forest Therapy Alliance per "INFTA Certified and Accredited Forest Therapy Guide" occorrono 298 ore distinte in: 30 ore di workshop iniziale; 248 ore di lezioni teorico-pratiche; 8 ore di valutazione finale teorico-pratica.

10. PRINCIPI DI IMMERSIONE IN FORESTA

L'immersione in foresta (Forest bathing in inglese, Shinrin-yoku in giapponese) concepisce la foresta come fonte di profonda stimolazione sensoriale: l'aria fresca e ricca di terpeni; i suoi colori, comprese tutte le sfumature del verde; i suoni della natura, degli uccelli, del vento, dell'acqua. La foresta è uno spazio sicuro, completo, semplice nella sua olistica complessità, lontano dalla vita urbana piena di regole; uno spazio ideale per esercizi di rilassamento profondo, per stabilire un contatto fuori con la Natura e dentro con le parti più profonde del Sé.

Fa parte dell'immersione il "percorso dei sensi": senza contare i minuti, senza più alcuna fretta, semplicemente camminare ed esserne consapevoli. Camminare molto lentamente, facendo attenzione a ogni passo. Lo scopo è rallentare: il camminare in sé è l'obiettivo. Intanto, guardiamo, ascoltiamo i suoni, annusiamo, gustiamo le fragranze della foresta, usando tutto il tempo che occorre…Quindi, facciamo che i nostri piedi divengano i nostri occhi e diveniamo coscienti di quello che proviamo a ogni passo…Usiamo le mani, il respiro, l'udito…diamo spazio, una per volta, a tutte le nostre sensorialità per entrare sempre più in contatto con la foresta…

Ci sono molte tecniche di meditazione, ma fondamentalmente hanno tutte il medesimo scopo: la raccolta e la rassicurazione della mente, liberandola dai pensieri senza che ne sia attratta, facendovi tranquillamente il vuoto e concentrandosi nella calma sul respiro e su ciò che avviene attorno, in modo non giudicante, stando a occhi chiusi o aperti o socchiusi, come ognuno vuole.

Un esempio di meditazione, associando la consapevolezza del respiro a visualizzazioni: "Trova un luogo tranquillo, quindi siedi o giaci sulla foresta…Comincia ad inspirare profondamente attraverso il naso e immagina come cogliere meglio i preziosi terpeni che stai inalando…Visualizza il loro potere curativo che si diffonde in tutto il tuo corpo…Come una piccola nebbiolina verde benefica che raggiunge tutte le tue cellule…respiro dopo respiro…

…Quindi focalizzati su ogni parte del tuo corpo dove hai avuto ferite o problemi o patologie…e immagine che i terpeni a ogni respiro raggiungono queste parti e vi si accumulano…curano le ferite…sciolgono le patologie e rendono queste tue parti…e via via tutte le tue cellule…sane e piene di energie positive…

...Fissa queste immagini dentro di te...e poi torna lentamente a un respiro normale, torna di nuovo nel qui e ora..."

In sintesi, una sessione di immersione in foresta comprende una serie di momenti:

1. Iniziamo col trovare un luogo che percepiamo sicuro, dove cominciamo a connetterci con i nostri sensi con la foresta.
2. Dedichiamoci a scoprire la foresta, mediante specifici esercizi sensoriali, dedicati a ciascun senso.
3. Approfondiamo le sensazioni con esperienze individuali, separati dal gruppo per alcuni minuti, per aumentare la consapevolezza sensoriale.
4. Passiamo dal movimento alla quiete: meditiamo alcuni minuti nella foresta.
5. Ricominciamo a muoverci, sempre rilassati e motivati positivamente.
6. Possiamo quindi svolgere rituali di ringraziamento dell'esperienza come "ancoraggi" che facilitino future immersioni in foresta.
7. Concludiamo riflettendo sul contatto coi ritmi e gli eterni cicli della Natura.

Secondo Rachel e Stephen Kaplan, professori di psicologia ambientale presso l'Università del Michigan, uno degli elementi fondamentali dell'immersione in foresta è il "Being Away": essere disconnessi e a salutare distanza dalla vita quotidiana.

Guidare una passeggiata di immersione in foresta consiste essenzialmente nell'assistere le persone a realizzare la loro connessione terapeutica con la natura. Il vero e unico terapeuta è la natura: la guida offre attività che agiscono come porte che si aprono su esperienze di contatto con l'ambiente della foresta.

Una sessione di terapia forestale si può paragonare a entrare in una spirale dove noi usciamo dalle nostre vite abituali e facciamo un viaggio, al termine del quale ovviamente ritorniamo alle nostre ordinarie esistenze, ma in qualche modo percepiamo che siamo cambiati e che non torniamo allo stesso punto da cui siamo partiti...

Dal punto di vista teorico si possono distinguere 3 principali fasi.

FASE 1: il cosiddetto "Joining" (connettersi assieme). Il viaggio inizia creando una confidenza emotiva tra la guida e il gruppo: fase che può essere anche breve ma che è necessaria a ognuno per poter effettuare l'esperienza e alla guida per orientare i clienti fisicamente e mentalmente a rallentare, esaltare le percezioni sensoriali e connettersi con la natura nel presente, nel cosiddetto "qui e ora".

FASE 2: quella centrale, dello spazio e del tempo liminali, di confine. È la fase più importante e prolungata: ogni partecipante prende contatto con gli alberi, i corpi d'acqua, il terreno, gli aspetti stagionali, luce e oscurità, suoni e silenzio, movimento e riposo. È una fase di transizione e di trasformazione, che può renderci vulnerabili ma anche arricchirci di nuove condizioni ed esperienze non ancora conosciute. Passiamo il tempo insieme agli alberi, seduti in un luogo confortevole e immersi tranquillamente nella sensorialità, senza seguire pensieri particolari ma solo l'esperienza del presente.

FASE 3: Effettuiamo una incorporazione dell'esperienza fatta nello spazio-tempo liminale, prima di tornare alla vita normale.

L'incorporazione può essere fisica, mediante la "cerimonia del tè" in foresta, usando per l'infusione delle piante edibili che sono state raccolte durante il viaggio e/o simbolica, mediante un gruppo finale di breve discussione ed elaborazione dell'esperienza in foresta, che costituisce anche un momento di passaggio dalla stessa al ritorno alla vita ordinaria di ognuno.

I criteri principali dell'immersione in foresta sono:

1. Indirizzare la consapevolezza verso l'esperienza sensoriale.
2. Orientare l'immersione in foresta verso la piacevolezza.
3. Concentrare la consapevolezza sul momento presente, il "qui e ora".
4. Rallentare fisicamente e mentalmente: ci aiuta a connetterci con la foresta e ad esserne consapevoli.
5. Le guide devono essere direttive ma non prescrittive: devono dirigere l'esperienza dei clienti verso attività che le guide conoscano bene e nelle quali ci sia sufficiente libertà per ognuno di connettersi con la foresta nel suo specifico modo.

Le persone devono essere guidate a percepire il momento presente aumentando la consapevolezza dei loro input sensoriali ma senza suggerire loro le emozioni, che ognuno deve essere libero di provare come a lui vengono.

Alcuni esempi di esercizi da praticare in foresta:

"Percepisci la presenza degli alberi intorno a te

Segui i loro tronchi alti verso il cielo

Osserva i loro rami che si estendono attorno

Ascolta i suoni degli uccelli e degli alberi

Percepisci il vento che scorre attraverso la foresta

Annusa e respira le fragranze salutari del bosco

Osserva gli alberi circostanti che assorbono l'energia del sole, producendo zuccheri e ossigeno attraverso la fotosintesi

Respira profondamente questo benefico ossigeno che ti danno i tuoi amici alberi… Come espiri, tu gli rendi il favore offrendo loro ossido di carbonio di cui si nutrono…

Diventa parte della foresta…

Ascolta ciò che accade attorno a te…"

Il "Flow Learning"[158] è una tecnica che è stata recentemente messa a punto per accrescere l'apprendimento e la consapevolezza in ambienti naturali. Lo scopo è quello di permettere ai partecipanti di risvegliare le loro qualità umane attraverso esperienze dirette nella natura che comportano un apprendimento prevalentemente sensoriale ed emozionale, basato su 4 passi:

1. Risvegliare l'entusiasmo. Le qualità fondamentali che risveglia sono il piacere del gioco e l'aumento della vigilanza. Si crea fin dall'inizio un'atmosfera di gioco e di entusiasmo allo scopo di mobilizzare l'interesse e la partecipazione attiva di ognuno.
2. Far focalizzare l'attenzione. Qualità fondamentale che risveglia: la ricettività. Incanala positivamente l'entusiasmo permettendo di aumentare l'attenzione, la concentrazione, la consapevolezza, l'abilità a osservare, la tranquilla ricettività verso esperienze sensoriali.
3. Offrire esperienza diretta. Qualità fondamentale: comunione con la Natura. Favorisce un apprendimento più profondo e intuitivo; ispira senso di meraviglia, empatia e amore; trasmette un senso di completezza e armonia, promuove scoperte personali e ispirazioni artistiche.
4. Condividere l'esperienza in gruppo e con la guida. Qualità: chiarezza e idealismo. Favorisce il confronto tra pari e il legame di gruppo, incoraggia l'apprendimento, l'idealismo e l'altruismo ed è un feed-back per la guida.

La Sanità Pubblica, com'è noto, consiste nella tutela della salute, sia individuale che collettiva, esercitata dallo Stato o da altri organismi pubblici ed ha come scopi la promozione della salute, la prevenzione delle malattie e il miglioramento della qualità della vita delle persone.

In questa ottica, la Medicina Forestale può avere un grande ruolo di Sanità Pubblica.

Come abbiamo già visto, nel 2022, secondo le stime delle Nazioni Unite, la popolazione mondiale ha raggiunto gli otto miliardi, di cui si calcola che quasi 4,5 risiedano nelle città. Ogni anno circa l'1% della popolazione mondiale (circa 80 milioni di persone) lascia la campagna e i piccoli centri e si trasferisce in città.

Con l'inurbamento, una percentuale sempre maggiore di persone sviluppa alti livelli di stress, i quali a lungo andare causano numerose patologie croniche sia mentali che fisiche. La connessione con l'ambiente naturale e in particolare con le foreste può essere uno dei metodi più efficaci per ridurre lo stress migliorando globalmente la salute psicofisica.

I benefici dell'immersione in foresta come Sanità Pubblica sono:

- riduce stress e pensieri negativi;
- ritempra l'attenzione, stimolando quella indiretta e diminuendo quella diretta, con ristoro dei meccanismi della medesima;

- riduce l'esposizione agli inquinanti atmosferici;
- ottimizza la temperatura, mitigandola per evapotraspirazione;
- riduce l'esposizione ai rumori, assorbendoli;
- promuove la coesione sociale, il contatto interpersonale, l'altruismo;
- permette l'attività fisica moderata (minimo 2 ore di moderato esercizio aerobico);
- modula il microbioma e permette la biodiversità.

Studi e ricerche sui benefici di frequentare regolarmente e/o di vivere vicino a spazi verdi sono in continuo sviluppo.

Tra le tante nuove evidenze: maggiore crescita fetale[159]; diminuzione del rischio di problemi comportamentali ed emotivi, incluso ADHD[160]; modificazioni nella struttura cerebrale, a loro volta associate a migliori performances cognitive[161]; migliori funzioni cerebrali e minor declino in età avanzata[162]; aumentata percezione di benessere psicofisico e minore rischio di disturbi psichici[163]; maggiore longevità e diminuzione della mortalità prematura[164].

11. LE FORESTE POSSONO SALVARE LA TERRA

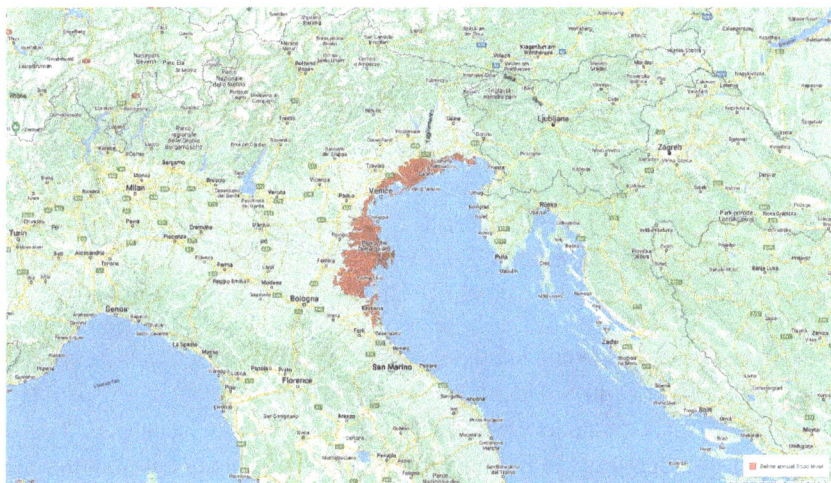

Tratta dal sito https://coastal.climatecentral.org, si vede qui sopra la previsione delle terre che nel 2050, a causa dei cambiamenti climatici, saranno sotto il livello medio del mare: gran parte delle zone costiere della Romagna, del Veneto e del Friuli-Venezia Giulia.

Secondo l'Intergovernmental Panel for Climate Change (IPCC) dell'ONU, nel suo Rapporto del 8.10.2018 -per la cui stesura ha impiegato 2 anni, con 91 ricercatori di 44 paesi che hanno esaminato 6.000 studi e 42.000 dichiarazioni di colleghi e di Governi- il riscaldamento globale supererà 1,5 gradi (obiettivo di Parigi 2015) nel 2030. Le emissioni di CO2, che erano rimaste pressoché stabili nel 2014-16, sono tornate a crescere nel triennio 2017-2019 (e poi, dopo i lockdown del 2020 a causa della Pandemia da Coronavirus, hanno ripreso ad aumentare dal 2021). Nel successivo Rapporto IPCC dell'8 agosto 2019, si prevedono eventi sempre più estremi e che tra alcuni decenni un terzo della Terra diverrà inabitabile. In quello del 25 settembre 2019 si denuncia che l'innalzamento degli oceani e la fusione dei ghiacciai stanno divenendo più veloci del previsto. Negli ultimi 25 anni, l'innalzamento infatti era stato di 3mm/anno, per cui si prevedeva un innalzamento di 30 cm nei prossimi cento anni, ma una minaccia molto grave è costituita dagli enormi ghiacciai antartici di Pine Island e Thwaites, che potrebbero assottigliarsi così velocemente da portare gli oceani a rialzarsi di 3,3 metri in solo 30-40 anni. I successivi dati 2021 del Jet Propulsion

Laboratory della NASA confermano che Thwaites e Pine Island si stanno ritirando più velocemente del passato e due recentissimi articoli[165,166] apparsi su Nature del 15 febbraio 2023 mostrano che il ghiacciaio Thwaites sta rischiando di collassare e potrebbe trascinare con sé anche i ghiacciai circostanti, aggiungendo 3 ulteriori metri di innalzamento dei mari.

A partire dal 2020, il Global Forecast System registra temperature più alte di 20 gradi rispetto alla norma al Polo Nord, un caldo record che comporta l'accelerazione della fusione dei ghiacci con sempre più gravi ripercussioni ambientali. La stima dei ricercatori dell'Università di Amburgo è che sia irreversibile: "Secondo le nostre analisi, una riduzione delle emissioni e il mantenimento del riscaldamento globale al di sotto dei 2°C rispetto ai livelli preindustriali provocherebbero comunque la scomparsa del ghiaccio artico."

Il 2021 era stato un anno da record, registrando quasi 50°C in Canada e i 48,8°C l'11 agosto a Floridia in Sicilia, ovvero la temperatura più alta mai registrata in Europa. Ma il 2022 è stato tendenzialmente ancora più caldo: l'estate 2022 è stata la più calda mai registrata in Europa da quando disponiamo di dati. Inoltre, il 21 marzo 2022 in Antartide sono state registrate temperature inimmaginabili: il sito di Concordia, a più di 3.200 metri di altitudine, ha toccato i -12 gradi centigradi, un valore di circa 40 gradi superiore rispetto al normale.

Per di più, una ricerca che costituisce la prima campagna geochimica estensiva condotta nel continente Antartico, che è stata realizzata in collaborazione tra vari Enti di Italia, Nuova Zelanda e Norvegia ed è in corso di pubblicazione proprio in questi giorni[167], rileva l'emissione di notevoli quantità di gas serra dal suolo perennemente ghiacciato (permafrost) a causa del riscaldamento globale, con l'inevitabile rischio di ulteriore accelerazione del riscaldamento medesimo.

Il principale responsabile del riscaldamento è la concentrazione in atmosfera della CO_2. Nel 1700 era di 280 parti per milione (ppm). Gli ultimi valori sono: 2015, 400.1ppm; 2016, 403.3ppm; 2017, 405.5ppm; 2018, 411.24ppm; 2019, 414.65ppm; 2020, 417,07ppm; 2021, 419,05ppm; 2022, 420,23ppm (Osservatorio di Mauna Loa, Hawaii).

Senza cambiare paradigma (lo scenario cosiddetto "business as usual"), nel 2100 si raggiungeranno gli 800ppm, incompatibili con la vita umana.

Sempre secondo il gruppo intergovernativo sul cambiamento del clima (IPCC) dell'ONU, tra l'altro vincitore del premio Nobel per la pace 2007, ridurre le emissioni non basta, occorre anche rimuovere dall'atmosfera entro il 2100 circa 730 miliardi di tonnellate di CO_2, cioè circa 200 miliardi di tonnellate di carbonio.

Questo lavoro potrebbero farcelo gli alberi: secondo un recente studio pubblicato su Nature[168], le foreste naturali sono il sistema migliore per eliminare il carbonio atmosferico in eccesso. Com'è noto, la Sfida di Bonn, lanciata nel 2011 (www.bonnchallenge.org) mira a ripristinare 350 milioni di ettari di foresta entro il 2030; se saranno tutte foreste naturali, entro il 2100 riassorbiranno circa 42 miliardi di tonnellate di carbonio, mentre se saranno tutte piantagioni, cioè se gli alberi saranno via via tagliati e ripiantati, al 2100 questi 350 milioni di ettari avranno riassorbito a malapena 1 miliardo di tonnellate di carbonio. Le piantagioni non funzionano, occorre smettere di tagliare le foreste e lasciare che crescano naturalmente.

Ma c'è molto di più: la attuale copertura forestale della Terra si può calcolare in circa 4 miliardi di ettari. Se proseguiamo con gli attuali tagli estesi e incendi, la copertura globale potrebbe ridursi di circa 223 milioni di ettari entro il 2050.

Se invece smettiamo di tagliare boschi e ne piantiamo estesamente di nuovi, la copertura delle foreste del pianeta, salvaguardando gli spazi verdi esistenti così come tutte le attuali aree agricole e aree urbane, potrebbe aumentare di 0,9 miliardi di ettari, i quali al 2100, se lasciati a foreste naturali, avranno immagazzinato circa 205 miliardi di tonnellate di carbonio[169]. Esattamente quello che serve per salvare il pianeta dal disastro climatico.

Seconda parte: Serva me?

12. I TAGLI NELLA PINETA DEL TOMBOLO

Nel 2004 ho acquistato una baracca con mille metri di giardino, praticamente sulla spiaggia, dietro la duna, tra i pini, a Marina di Grosseto. L'ho demolita, ho costruito una villetta e dal 2010 ci sono andato ad abitare. A parte i tre mesi estivi, nei quali decine di auto venivano lasciate in sosta davanti a me per andare alla spiaggia libera senza pagare i parcheggi, nei primi anni è stato un piccolo angolo di Paradiso, dove vivevano famigliole di scoiattoli e di ricci, d'inverno venivano a trovarci i caprioli e in primavera tornavano le upupe. Siamo nella parte meridionale della Pineta del Tombolo, di antica origine, che si estende da Castiglione della Pescaia fino alla foce dell'Ombrone, più a sud della quale la pineta prende il nome di Pineta Granducale, di impianto artificiale, in epoca settecentesca, ad opera dei Granduca di Lorena.

Le Pignacce com'erano

Uscendo di casa, 3 km di pineta detta "delle Pignacce", piantata 70 anni prima e cresciuta liberamente, univano Marina di Grosseto a Principina a Mare e permettevano passeggiate tra profumi di essenze e richiami di uccelli. C'era anche un luogo "magico" con alberi piegati a "C" come nella famosa foresta di Gryfino (PL)...c'era, ora non più.

La "foresta storta" di Gryfino, Polonia

In Polonia, non lontano dal confine con la Germania, nella foresta di Gryfino, vicino a Stettino, ci sono circa 400 pini che alla base sono cresciuti curvi a "C", per poi alzarsi eretti, con le concavità delle curve tutte rivolte verso il Nord, come se si inchinassero alla stella polare. I motivi di questo singolare fenomeno, che viaggiatori e fotografi vengono ad ammirare da tutto il mondo, sono ancora sconosciuti; secondo alcuni si tratta di deformazioni causate da fenomeni meteorologici o da anomalie magnetiche estreme; per altri, sono dovuti all'opera dell'uomo, per motivi ignoti e usando metodi ancora da spiegare. In ogni caso, si tratta di uno scenario irreale, da fiaba, anche se questi pini sono reali, in buona salute e ancora giovani, hanno circa 80 anni di età. Si pensava che esistessero solo in questo luogo, ma come si vede dalla pagina precedente, almeno un altro esemplare completamente curvo, più altri parzialmente piegati, erano presenti nella "Pineta delle Pignacce", vivi e anch'essi giovani, prima che qualcuno, per motivi selvicolturali, per "il benessere della pineta", li tagliasse...

18 agosto 2012: il grande incendio di Marina di Grosseto (GR)

Il grande incendio di Marina di Grosseto del 18 agosto 2012 visto dal porto turistico

Il 18 agosto 2012, il primo di tre giorni di forte vento di Maestrale, cinque inneschi criminali, trovati poi dagli inquirenti, scatenarono il grande incendio di Marina di Grosseto, a poche centinaia di metri da casa mia. Bruciarono 60 ettari di Pineta.

Un terzo dei pini dell'area interessata dall'incendio aveva le chiome ancora verdi, erano ancora vivi e potevano essere salvati. Ma dopo pochi mesi, i 60 ettari sono stati fatti tagliare a raso, eliminando tutti gli alberi.

Come mai è stata presa questa decisione, nonostante i pareri di vari esperti, presentati da Comitati di cittadini, che chiedevano di lasciare la pineta a rinascere da sola?

Numerosi pini avevano la corteccia annerita dalle fiamme ma dentro il legno era sano, eppure grandi macchine operatrici hanno tagliato e dissodato l'intera area.

Nel maggio 2013 tutto era compiuto e un anno dopo i 60 ettari erano solo un campo di erbacce...

Dopo il taglio nel 2012 dei pini dell'area incendiata, nel 2013 passeggiando in pineta abbiamo cominciato ad assistere qua e là ad altri tagli di alberi...

Tra gli alberi tagliati, un giorno vedemmo delle mucche, forse per qualche progetto finanziato, ma presto sparirono: evidentemente, nel retrodunale non ci potevano stare...

Il grande taglio dei pini di Marina e Principina a Mare avvenne, poi, nell'estate 2014.

Luglio 2014, tagli a Marina di Grosseto (GR)

Il motivo: l'infestazione da Matsucoccus feytaudi. Nelle perizie depositate presso gli Enti pubblici, la malattia era certificata come "disseminata" e tutti o quasi tutti i pini marittimi si dovevano tagliare: "Il taglio delle piante ammalate è obbligatorio e le residue piante ancora non visibilmente attaccate non hanno speranze di vita", queste le dichiarazioni ufficiali.

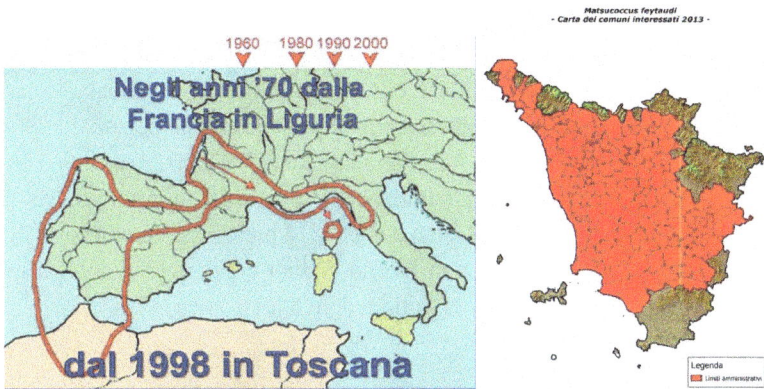

Il Matsucoccus feytaudi è originario del Mediterraneo orientale, dove non causa gravi problemi alle piante che lo ospitano. Attraverso il Mediterraneo occidentale, si è diffuso dal Marocco alla penisola iberica, alla Francia del sud, alla Liguria e infine alla Toscana, trovando condizioni ambientali e climatiche idonee a sviluppare epidemie di infestazioni che causano danni in particolare ai pini marittimi (Pinus pinaster), mentre il pino domestico è immune.

Si tratta di un piccolo insetto di 2-3 mm. di lunghezza, la cui femmina una volta l'anno, in primavera, depone circa 300 uova da cui nascono i piccoli, chiamati "neanidi", che sono mobili e si posizionano nelle fessure della corteccia del pino dove succhiano la linfa vegetale con danni progressivi all'albero, causandogli un graduale deperimento con arrossamento e poi caduta degli aghi che può portarlo, nel giro di alcuni anni, alla morte. Le neanidi mobili possono essere trasportate dal vento e costituiscono il principale rischio di infestazione; in autunno perdono la mobilità e il ciclo riprende la successiva primavera. Inizialmente l'infestazione procede a "spot", attaccando gruppi isolati di pini; nel giro di alcuni anni si può avere una sua "generalizzazione", con estesi arrossamenti degli aghi, diffusi disseccamenti e morte di molti alberi.

Matsucoccus feytaudi: la cocciniglia del pino marittimo

Per la verità, l'andamento dell'infestazione da Matsucoccus non è inesorabilmente progressivo e infausto, bensì "ad andamento imprevedibilmente ciclico, con possibilità di regredire e che una parte dei pini ammalati guarisca, come è successo nelle pinete della Liguria" (comunicazione personale del Prof. Orazio Ciancio, Presidente della Accademia Italiana di Scienze Forestali, Firenze, luglio 2014) e come possono dimostrare anche alcuni pini marittimi di Marina di Grosseto, i quali nelle foto da me scattate del 2014 presentavano una parte di aghi arrossati, alberi che allora però non furono tagliati e che oggi sono ancora vivi senza segni visibili di infestazione: tutti gli aghi adesso sono verdi.

Aghi completamente arrossati

Colate cerose lungo i tronchi per infestazioni secondarie

L'infestazione da Matsucoccus, per la verità, si diagnostica molto facilmente da 2 segni: aghi arrossati (per deperimento ed essiccazione della pianta) e colate "cerose" lungo il tronco (per infestazioni secondarie da altri insetti xilofagi che attaccano l'albero indebolito)...

...ma nei pini, che nell'estate 2014 vedevamo tagliare a migliaia, constatavamo quasi sempre tronchi privi di colate "cerose" e chiome recise senza aghi arrossati...

Principina a Mare (GR): a sx, grandi harvester tagliano i pini sul viale principale; a dx, Via dell'Orata, 17 luglio 2014

Principina a Mare (GR), area di pineta tagliata a raso. In una minoranza degli alberi a terra riusciamo a discernere aghi arrossati. Altrettanto minoritari appaiono gli arrossamenti degli aghi dei pini ancora in piedi.

Recentemente il nuovo regime fitosanitario, definito dal regolamento (UE) 2016/2031, ha portato al Decreto Ministeriale del 6 dicembre 2021 che dal 5 gennaio 2022 ha abolito, tra le altre, la lotta obbligatoria al Matsucoccus. In precedenza questa lotta era obbligatoria ma non imponeva necessariamente l'abbattimento degli alberi, poiché erano possibili trattamenti conservativi, quali iniezioni negli alberi di sostanze che si diffondono nella linfa e causano la morte dell'insetto, così come disseminare in pineta trappole ormonali che attirano i maschi del Matsucoccus feytaudi uccidendoli. Tuttavia, nel 2014 le iniezioni sono state effettuate su un piccolo numero di alberi, trappole ormonali non ne abbiamo viste e, soprattutto, spesso vedevamo tagliare dei pini marittimi privi di segni evidenti di infestazione ed anche, più di una volta, dei pini domestici.

In effetti, il Sindaco del Comune di Grosseto, con l'Ordinanza n. 67 del 20.6.2014, aveva ordinato esclusivamente "il taglio degli alberi in evidente stato di crisi di staticità e colpiti dal Matsucoccus feytaudi", senza citare interventi conservativi. Alcune iniezioni verranno poi praticate, come limitato "trattamento sperimentale", su nostra forte pressione mediatica; abbiamo già detto come i tagli colpissero ai nostri occhi centinaia di pini che ci apparivano saldi, giovani e forti, senza crisi di staticità…

Ai nostri primi interventi sui media come Italia Nostra, LIPU, WWF e ISDE-Medici per l'Ambiente locali…

Lunedì 25 Agosto 2014 — Grosseto

Ambientalisti e comitato contro l'assessore: "No al taglio indiscriminato degli alberi, non sono tutti malati"

"Gestione senza senso della pineta"

…ci rispondevano che tutto veniva fatto a regola d'arte…

Martedì 26 Agosto 2014 — Grosseto

a gamba tesa contro le critiche: "Tagli nel rispetto delle norme e per salvaguardare l'area"

"Operiamo per il bene della pineta"

«Pini morenti, abbattimenti necessari»

L'assessore risponde agli ambientalisti: «Lavori fatti da personale competente»

Di fronte, allora, a quella che ritenevamo una situazione di gravissimo pericolo dell'integrità della Pineta, assieme al Prof. Franco Tassi, già Direttore per oltre 30 anni del Parco Nazionale d'Abruzzo e a più di altri 20 cittadini, il 7 settembre 2014 abbiamo fondato il gruppo spontaneo "Salviamo le Pinete!".

Gruppo spontaneo "Salviamo le Pinete!"

Contro i tagli nasce "Salviamo le pinete!"

Il gruppo annuncia esposti alla magistratura: «Le infestazioni di insetti e funghi sono solo un alibi»

Il Tirreno, 7 settembre 2014: nasce "Salviamo le Pinete!"

Abbiamo tra l'altro commissionato una perizia forestale che ha certificato la presenza, in particolare nella Pineta delle Pignacce, solo del 3-5% di pini infestati da parassiti. Più vicino agli abitati vedevamo una percentuale maggiore, ma comunque sempre di minoranza, di pini con le chiome più o meno decolorate.

Ho personalmente portato le televisioni locali a vedere che le chiome dei pini marittimi de "Le Pignacce" erano quasi tutte verdi e che l'infestazione da Matsucoccus, che arrossa le chiome, non era assolutamente in "fase di generalizzazione", come dichiarato nelle relazioni ufficiali. Al Secondo

Congresso Internazionale di Selvicoltura, tenutosi il 26-29.11.2014 a Firenze, abbiamo presentato uno studio scientifico sull'importanza della conservazione della Pineta del Tombolo. Il Vicepresidente Emerito della Corte Costituzionale, Prof. Paolo Maddalena, ci ha inviato uno scritto che certifica la pineta "Bene Comune della Collettività nazionale".

La "Pineta delle Pignacce" nel 2014. Adesso la maggior parte delle piante è stata tagliata, compresi gli alberi a "C"

Come se tutto questo non bastasse, nell'autunno 2014 leggiamo sui giornali locali di due nuove minacce: una Conferenza dei Servizi per decidere nuovi tagli sia fitosanitari sia selvicolturali, sui quali eccepiamo…

...e, per di più, che è necessario tagliare estesamente gli alberi della pineta intorno alle frazioni per motivi antincendio!

am Grosseto

AMBIENTE » LO SCONTRO SUI PINI DA TAGLIARE

Cintura antifuoco attorno alle frazioni

Piante ammalate e sicurezza a rischio: i tecnici della Provincia spiegano modalità e finalità del piano di abbattimenti

Incubo incendi, strage di pini

Grosseto, centinaia di piante saranno abbattute per prevenzione

Un nostro ricorso al Capo dello Stato, che qualsiasi cittadino può presentare senza spese legali (a parte il contributo unificato di 650 euro), parzialmente blocca i tagli...

MARTEDÌ 20 GENNAIO 2015 IL TIRRENO   Grosseto

Tagli dei pini, ricorso al Capo dello Stato

Dopo la denuncia in procura il caso arriva anche al Quirinale. Ma il Comune si difende: «Fatti tutti i controlli richiesti»

...ma non c'è quiete per la pineta: nel 2015 viene identificato un nuovo parassita, che stavolta infesta i pini domestici e rende di nuovo necessario di tagliare ancora alberi, stavolta non solo i P. pinaster ma anche i P. pinea: ovviamente per poterli salvare...

Grosseto

LA NATURA AGGREDITA » COME INTERVENIRE

Corsa contro il tempo per salvare i pini

Anche quelli domestici, dopo quelli marittimi, sono infestati dai parassiti.   dà il via agli abbattimenti urgenti

143

Il 21 luglio 2015 viene trasmesso sulla emittente locale grossetana TV9 un servizio giornalistico che così recita: "Sarà il legno delle pinete di Marina di Grosseto e Principina il carburante fondamentale per un impianto a biomasse unico al mondo, quello destinato a surriscaldare il vapore geotermico della centrale geotermica Cornia 2", aggiungendo che "per alimentare l'impianto a biomasse si utilizzerà legno vergine di filiera corta prodotto entro un raggio di 70 km dall'impianto; la parte preponderante la farà il legno di pino proveniente dalla pineta di Marina di Grosseto e Principina... Il fabbisogno dell'impianto a biomasse di supporto alla centrale geotermica è stimato circa in 40.000 tonnellate annuali di sostanza vegetale..."

Considerando che una stima generosa può prevedere che il taglio di ogni ettaro di pineta possa fornire 7-800 tonnellate di legno vergine, anche se probabilmente un ettaro ne dovrebbe dare mediamente di meno, rifornire l'impianto potrebbe comportare come minimo il taglio di 50 ettari all'anno della pineta del Tombolo, la quale, presentando un'estensione di circa 1400 ettari, in meno di 30 anni verrebbe quindi ad essere completamente tagliata e bruciata nella centrale a biomasse!

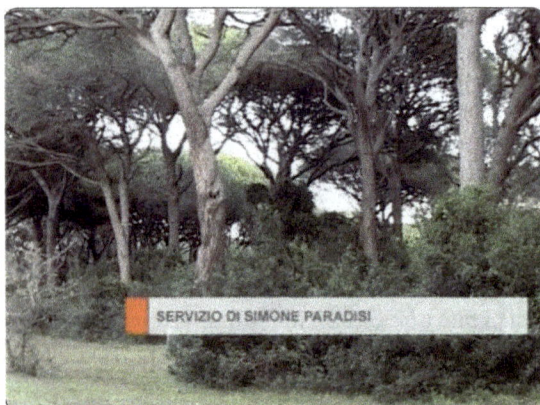

SERVIZIO DI SIMONE PARADISI

Il servizio di TV9, 21 luglio 2015

...E ancora altri tagli si prevedono a inizio 2016...

I NODI DEL COMUNE "LA NAZIONE" MERCOLEDÌ 27 GENNAIO 2016

Pini domestici, è ancora allarme
Parassiti all'attacco, altri tagli in vista

Nel frattempo, nel 2015, per proteggere ancora più efficacemente la pineta, come Gruppo "Salviamo le Pinete!" decidiamo allora di ricorrere alla legge regionale toscana sulla partecipazione. Vinciamo il necessario concorso presso il Consiglio regionale e prende avvio, per la durata di due anni, il processo partecipativo "Pineta bene comune", con una estesa partecipazione dei cittadini e una buona collaborazione di Regione e Comuni, come si può ancora vedere sulla piattaforma "Open Toscana" (https://partecipa.toscana.it/web/pineta-bene-comune). Durante le riunioni del processo partecipativo, nel 2016/17 nasce infine il "Tavolo Permanente di Amministrazione e di Governo della Pineta", che per regolamento dovrà riunirsi ogni due mesi ed a cui ufficialmente aderiscono la Regione Toscana e i tre comuni di Grosseto, Castiglione della Pescaia e Magliano in Toscana. Il processo partecipativo appronta anche un piano antincendio boschivo che presenta in Regione Toscana e diffonde alla popolazione con volantini.

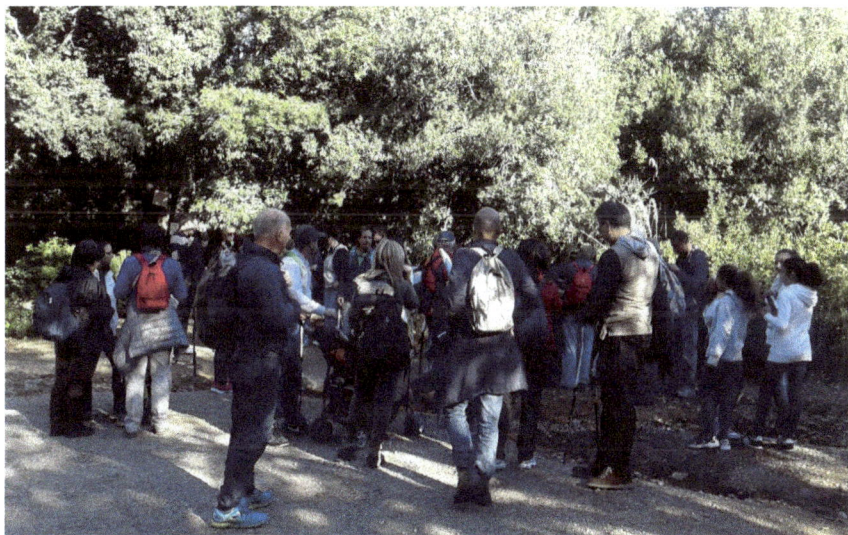

Processo partecipativo "Pineta bene comune": 13.9.2015, prima passeggiata di benessere in pineta.

Processo partecipativo "Pineta bene comune": 27.9.2015, seconda passeggiata di benessere in pineta. Da notare, in entrambi i casi, l'uso di bastoncini da Nordic Walking modello "Curve" (vedi appendice)

"Pineta bene comune", 8.11.2015: terza passeggiata di benessere nella Pineta Granducale

Seduta del Processo partecipativo nella sala del Consiglio Comunale di Castiglione della Pescaia (GR)

Seduta del Processo partecipativo nella sala del Consiglio Comunale di Castiglione della Pescaia (GR)

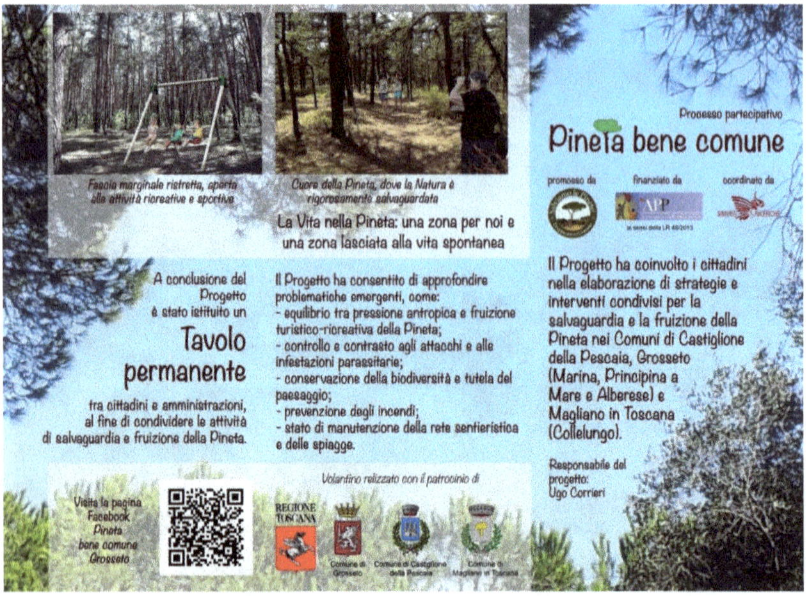

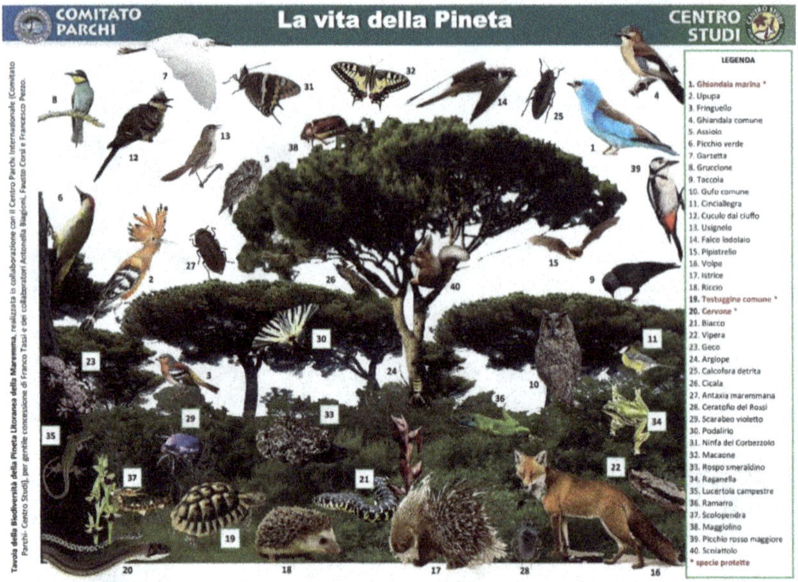

Volantini del Processo partecipativo

LA NATURA BATTE IL FUOCO!

Contro gli incendi, è necessario sviluppare, fin dalla scuola, una ampia cultura e sensibilità ambientale, facendo comprendere bene a tutti i rischi e i danni che comportano, sviluppando il controllo e la condanna sociale, individuando e punendo severamente i responsabili.

Come riuscirvi?

1. **Educazione ambientale**: creare un Centro Fuoco (Museo attivo) stimolando la visita di giovani e anziani, popolazioni locali e forestieri.
2. **Volontariato**: istituire un Corpo di Pompieri Volontari e un Gruppo di Guide Naturalistiche Volontarie collegate con Forestali e Vigili del Fuoco.
3. **Segnaletica**: collocare Tabelle di Pericolo Fuoco, con Freccia girabile sul livello di rischio incendi nei momenti cruciali.
4. **Normative di emergenza**: pubblicizzare e sanzionare i comportamenti pericolosi, fino a vietare di fumare e di penetrare nelle zone a rischio.
5. **Bacini idrici**: creare ampi laghi artificiali, dai quali poter attingere facilmente acqua con autobotti o velivoli in caso di necessità.
6. **Allarme immediato**: grazie alla Strategia dell'Insetto Pirofilo, vedi la Tavola delle Pagine 2 e 3, "La Natura batte il Fuoco!"
7. **Divieto assoluto di edificazione nelle zone incendiate**: non solo per un decennio e con un catasto pubblico continuamente aggiornato e visibile.
8. **Divieto assoluto di pascolo ed altri interventi**: con recinzione e/o adeguata segnalazione dei territori da non utilizzare né percorrere.
9. **Osservatori di studio**: documentare la rigenerazione spontanea e la progressiva ricostituzione dell'ecosistema. "La Natura batte il Fuoco!"
10. **Campagna informativa**: articoli, pubblicazioni, documentari e spot sulla lotta contro il fuoco, con massima diffusione e premi ai meritevoli.

COMITATO PARCHI   **CENTRO STUDI**

Realizzato in collaborazione con il Centro Parchi Internazionale (Comitato Parchi - Centro Studi)
Per gentile concessione di Franco Tassi e dei collaboratori
M Patrizia Latini e Franco Saccheri
Responsabile del processo partecipativo
Pineta Bene Comune: Ugo Corrieri

FIRE DANGER TODAY

Pineta bene comune
Processo partecipativo   promosso da   finanziato da   coordinato da

LA NATURA BATTE IL FUOCO!
Le cause degli incendi nei boschi

Gli incendi frequenti, non soltanto estivi, rappresentano uno dei più gravi pericoli per i nostri boschi, soprattutto per le Pinete litoranee e montane.
Si tratta di un fenomeno ben noto, ma assai poco approfondito nelle vere cause che lo fanno esplodere e spesso propagarsi in modo drammatico.

Gli incendi dei boschi possono essere classificati in vario modo:
• **Spontanei**, per autocombustione? No! Mai nel nostro Paese, salvo casi rarissimi (come fulmini dopo il temporale).
• **Colposi**, per fuochi sfuggiti da bruciature di stoppie, accensioni di fuochi all'aperto, mozziconi di sigarette? Sì, abbastanza spesso!
• **Accidentali**, ma in realtà preterintenzionali, per abbandono di bottiglie, vetri, plastica, carta, materiali infiammabili? Sì, spesso!
• **Dolosi**, ad opera di folli piromani o di gente senza scrupoli che apre la via a cementificazione, edificazione e urbanizzazione strisciante o punta ai cantieri di rimboschimento con fondi pubblici? Sì, spessissimo!

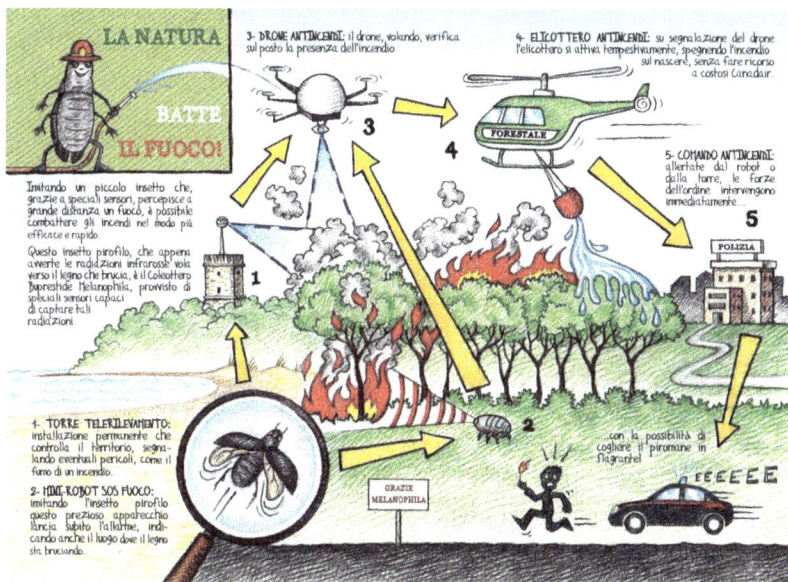

Volantino del Piano Antincendio "La Natura batte il fuoco!"

Come abbiamo visto, nel 2016/17 nasce il "Tavolo Permanente di Amministrazione e di Governo della Pineta", di cui io e il Vicesindaco di Castiglione della Pescaia siamo eletti Coordinatori e che, da regolamento condiviso e approvato, è previsto che si riunisca minimo ogni due mesi e si interessi di tutti i problemi della Pineta del Tombolo.

Nonostante l'adesione del Comune di Grosseto al Tavolo Permanente, con l'Ordinanza n. 57 del 21.7.2017 il nuovo Sindaco di Grosseto nel frattempo eletto, senza contattare il Tavolo medesimo, ordina, per la prevenzione degli incendi, "la ripulitura e il taglio del sottobosco nell'intera fascia boscata (pineta) sita nel Comune di Grosseto a Marina di Grosseto e Principina a Mare". Dopo sei giorni, in data 27 luglio 2017, presentiamo al Sindaco di Grosseto e ai media un documento a firma di 70 Professori e Ricercatori di varie Università italiane, da Varese alla Sicilia, nella quale si adducono numerosi dati scientifici a difesa della importanza fondamentale del sottobosco e si spiega al Sindaco che "l'azione di rimozione del sottobosco, quindi, appare immotivata. La presenza infatti di latifoglie, caratterizzate da alcuni meccanismi di difesa dal fuoco, come cortecce suberose e presenza di gemme epicormiche, aumentano la possibilità di sopravvivenza degli individui (Nocentini, 2004). Inoltre, le specie sclerofilliche, producendo più materia organica al suolo, riducono l'effetto dell'incendio rispetto a quanto potrebbe esserci al suolo con solamente la presenza degli aghi di pino, ma soprattutto è ben noto in letteratura il fatto che le conifere siano caratterizzate da un maggiore rischio di incendio rispetto alle sclerofille sempreverdi (Bertani et al., 2004)".

A seguito dell'Ordinanza Comunale n. 57 del 21/7/2017 della Città di Grosseto riteniamo doveroso riportare lo stato delle conoscenze scientifiche sulle pinete costiere per quanto riguarda gli aspetti gestionali e i maggiori gruppi biotici (piante, animali, funghi, licheni), anche in relazione alle gravi mancanze e imprecisioni riportate nella suddetta ordinanza.

Preambolo del Documento scientifico firmato da 70 accademici italiani in data 27.7.2017 per salvare il sottobosco della pineta

A tamburo battente, il 28 luglio 2017 esce la notizia che ben 5 milioni di euro del Fondo di Sviluppo Rurale (FSR) europeo sono stati destinati dalla Regione Toscana al taglio dei pini e al loro reimpianto...

VENERDÌ 28 LUGLIO 2017 IL TIRRENO · Grosseto | VI

Cinque milioni dopo i danni da incendio
La Regione mette a disposizione di Comuni e privati fondi per il taglio e il reimpianto degli alberi, anche quelli malati

Otteniamo che venga indetto un Consiglio comunale aperto ai cittadini dove presentiamo numerose proposte per la difesa attiva della pineta, senza tagli, né di alberi né del sottobosco…

MERCOLEDÌ 9 AGOSTO 2017 IL TIRRENO

Grosseto | III

«Lasciate il sottobosco e usate sensori e droni»

La richiesta delle associazioni ambientaliste, che portano documenti scientifici e suggeriscono l'impiego della tecnologia per interventi più rapidi ed efficaci

Ma nella settimana di Ferragosto 2017, quando quasi tutti sono in vacanza, improvvisamente iniziano operazioni di taglio a raso del sottobosco, proprio all'interno dell'area protetta "Oasi San Felice" del Sito SIC-SIR-Natura 2000 ZSC-ZPS IT51A0012 "Tombolo da Castiglione della Pescaia a Marina di Grosseto".

11 agosto 2017, Sito protetto SIC-SIR-NATURA 2000-ZSC-ZPS, "Oasi San Felice": taglio a raso del sottobosco

«Sottobosco trinciato meccanicamente, scempio nell'oasi»

UN «TRINCIATUTTO» ha portato via il sottobosco della pineta tra Marina di Grosseto e Castiglione della Pescaia, nella zona dell'oasi di San Felice. Un'azione che ha fatto alzare il grido di protesta degli ambientalisti, sia perché ritengono che il sottobosco sia un elemento che rallenta gli incendi sia perché il lavoro meccanico è avvenuto in un'area protetta dalla Normativa Europea e dalla Regione. E' questa la conseguenza dell'ordinanza sindacale di metà luglio che imponeva il taglio del sottobosco, ripulendo però ad alzare la voce sono otto associazioni ambientaliste locali (Adic Ex Acu, Centro Parchi Internazionale, Coordinamento Associazioni e Comitati Ambientali della Provincia di Grosseto, gruppo spontaneo «Salviamo le Pinete», Italia Nostra, Lipu e Wwf «Chiediamo al sindaco di rispettare la paro-

ESPERTO
Ugo Corrieri è un medico ambientalista che si batte da sempre contro il taglio delle pinete. Insieme a lui hanno alzato la voce otto associazioni ambientaliste come Adic Ex Acu, Centro Parchi Internazionale, Coordinamento ambientalista, Salviamo le Pinete, Medici per l'Ambiente, Italia Nostra, Lipu e Wwf

la data in consiglio comunale per salvaguardare il sottobosco – spiegano gli ambientalisti –. Nel Consiglio comunale, lo stesso sindaco ha affermato che l'ordinanza sindacale del 17 luglio impone il taglio del sottobosco ripulendolo da rifiuti e materiale secco e non la sua eliminazione. Nell'adunanza dell'8 agosto scorso le associazioni ambientaliste avevano presentato un documento scientifico sottoscritto da ol-

tre 70 professori e ricercatori di 23 Università italiane che sottolineano il valore del sottobosco per la biodiversità e gli habitat presenti nelle pinete. «Le sclerofille del sottobosco rallentano gli incendi rispetto ai pini lasciati solo con un tappeto di aghi secchi – aggiungono –, dove gli incendi si sviluppano più facilmente. Nel sito Sic Sir «Tombolo da Castiglione della Pescaia a Marina di Grosseto», protetto dalla normati-

va europea, nazionale e regionale sono iniziati estesi tagli di eradicazione totale a raso del sottobosco. Ciò, in base alle suddette evidenze scientifiche, aumenterebbe i rischi di incendio per il tappeto a terra di materiale secco e per il fatto che i pini sono più infiammabili delle sclerofille, che vengono totalmente rimosse. Secondo le associazioni inoltre, assieme al sottobosco possono venire eliminati animali in riproduzione penalmente protetti, tartarughe, nidi di uccelli con polli, inseriti nel Libro Rosso della Regione Toscana. «Ri-sulterebbero impiegati mezzi meccanici mentre in questo periodo ci risultano vietati i decespugliatori a martelli perché possono causare sciensille e innescare incendi – incalzano –. Rivolgiamo quindi un vivo appello al sindaco affinché si operi per fare immediatamente rispettare quando ha garantito il rispetto del sottobosco e che non saranno mai usati decespugliatori a martelli». Pronto anche un esposto in Procura.

> Pulire il sottobosco non vuol dire togliere tutto: le sclerofille rallentano gli incendi rispetto ai pini lasciati con aghi secchi
> — Ugo Corrieri

Alle nostre immediate proteste, le operazioni di taglio a raso del sottobosco vengono sospese due giorni dopo che erano iniziate e nelle aree tagliate vengono apposti dei cartelli che segnalano il rischio di incendio per la seccaggine (sic!)

20.8.2017: dopo il taglio del sottobosco per prevenzione incendi, un cartello segnala il rischio di incendio per la seccaggine.

Successivamente, sempre senza convocare né informare il Tavolo (che finora si è riunito solo due volte, il 1.12.2017 e il 13.4.2018), la Regione Toscana dapprima sponsorizza il progetto antincendi boschivi "Diamoci un Taglio" e lo fa presentare nelle scuole: "i bambini realizzeranno due scenari forestali: un modello di bosco gestito – con minore quantità e continuità di combustibile – ed un modello di bosco non gestito, carico di alberi e arbusti…così da far capire ai ragazzi il diverso comportamento del fuoco nelle due situazioni"…(ovviamente brucia di più il bosco non tagliato)...

…Poi, con delibera di Giunta Regionale n. 355 del 18.3.2019 e successiva integrazione in Delibera n. 456 del 1.4.2019, sempre senza interessare il Tavolo, approva il piano specifico di prevenzione antincendio boschivo per il comprensorio territoriale delle pinete litoranee di Grosseto e Castiglione della Pescaia.

Il piano, in estrema sintesi, stabilisce che gli incendi "sono difficilmente affrontabili con le risorse e la tecnologia che oggi abbiamo a disposizione. È quindi determinante cambiare approccio e tornare ad una gestione forestale, ad una prevenzione legata alla diminuzione del carico di combustibile, al cambio dei modelli vegetazionali e quindi degli incendi che ne possono conseguire…Limitare la continuità orizzontale e verticale del combustibile per diminuire gli effetti del fuoco e mantenere gli incendi dentro la capacità di estinzione dell'organizzazione"

A pag. 10 spiega che "questo piano ha come obiettivo quello di decidere degli interventi nei propri margini di competenza, cioè nel bosco".

Da pagina 96, presenta gli interventi:

1. fasce parafuoco di 50 metri, eliminando almeno l'80% del sottobosco, diradando i pini distanziandoli di almeno 2 mt. tra le chiome ed eliminando tutti i pini marittimi;
2. nelle aree definite "strategiche", che sono tra l'altro nel SIC Natura 2000 del Tombolo, eliminare anche in questo caso tutti i pini marittimi; tagliare 120 pini domestici per ogni ettaro e in ogni caso distanziare le loro chiome di almeno due metri (il che prevedibilmente comporterà il taglio di un numero maggiore di domestici); infine, lasciare al massimo il 20% del sottobosco;
3. intervento conservativo nelle aree di pineta che invece sono da proteggere meglio: anche qui, eliminare tutti i pini marittimi; diradare al massimo 100 domestici per ettaro; ridurre del 40% il primo anno, poi del 30% ogni anno successivo il sottobosco;
4. viali parafuoco da realizzare dappertutto;
5. viabilità per il passaggio in pineta dei mezzi antincendio di larghezza minima 3 metri;
6. buon ultimo: fuoco prescritto, anche nel SIC Natura 2000 (in qualche ettaro).

Il fuoco prescritto

Il Gruppo Unitario per le Foreste Italiane (GUFI), di cui sono socio fondatore e Consigliere nazionale, ha allora pubblicato e diffuso le considerazioni che qui riassumo:

1. Il Piano non considera gli aspetti naturalistici e il ruolo testimoniale della Pineta.

Le pinete grossetane, sia pure per gran parte di origine artificiale, rivestono notevole importanza ecologica e naturalistica.

Sono sistemi ormai transitati verso lo spazio del dinamismo naturale della vegetazione e sono perciò in grado di evolversi secondo processi successionali analoghi a quelli riconoscibili proprio nelle fitocenosi di origine naturale. Ciò implica anche la necessità di attribuire a queste formazioni il ruolo testimoniale che possono svolgere per le prossime generazioni anche come modelli di riferimento per l'attività di ricerca dei futuri studiosi, per la conservazione dell'ambiente e per il benessere dell'umanità.

2. Presenta lacune e contraddizioni che limitano analisi e azioni proposte.

Non analizza l'origine dolosa di gran parte degli incendi, con interventi da adottare nelle aree di interfaccia urbanizzato-foresta, certamente le più critiche. Mancano informazioni puntuali su mezzi, attrezzature e personale impegnato nelle attività di prevenzione, primo intervento e lotta attiva; di eventuali limiti e criticità e delle eventuali iniziative adottate per migliorare le attività di contrasto agli incendi nell'area.

3. I dati statistici smentiscono le affermazioni che gli incendi siano in preoccupante aumento.
4. Si persegue essenzialmente il taglio preventivo della biomassa.

D'altronde, l'obiettivo dichiarato dagli autori nell'introduzione del Piano, è quello "di una prevenzione legata alla diminuzione del carico di combustibile..."

Ma il vero problema, come si è già detto, è causato dall'operato criminale dell'uomo che appicca il fuoco e quello che sta cambiando è la recrudescenza degli incendi dolosi in combinato con l'organizzazione delle attività di lotta attiva.

5. Manca una visione sistemica.
6. Storicamente, il diradamento non ha mai rappresentato la soluzione del problema.

7. Non si collegano fatti importanti, quali la recente abolizione del Corpo Forestale dello Stato e la crescente richiesta di legno da bruciare in biomasse, e il diradamento proposto è totalmente ingiustificato per una pineta a funzione turistico-paesaggistica.

8. Quella proposta non può essere considerata una vera gestione forestale.

9. Eliminare alberi sani, per paura che possano ammalarsi, è una misura di salvaguardia anomala e irrazionale. Spesso i pini marittimi resistono al Matsucoccus feytaudi o addirittura guariscono. Grande perplessità suscita anche la bizzarra proposta di eliminare tutti i pini marittimi. Infatti, se è vero che potrebbero ammalarsi, è altrettanto vero che eliminare alberi sani perché potrebbero un giorno essere infettati da parassiti e seccarsi è una misura di salvaguardia anomala e irrazionale. Se, invece, l'obiettivo è quello di ricostituire l'originaria pineta di pino domestico, non si comprende perché non si possa attuare in modo progressivo. Si ha quasi l'impressione che sia necessario fornire subito metri cubi di massa legnosa. D'altra parte, il pino marittimo è utile proprio per la rapida ricostituzione dei soprassuoli forestali percorsi dal fuoco vista la sua velocità di rinnovazione naturale che, peraltro, è riportata in tutti i testi di selvicoltura.

10. Si ignora la rinnovazione naturale, presente nella pineta in questione, e quella artificiale proposta è come minimo discutibile.

11. Si ignorano l'elevato impatto paesaggistico, ambientale e naturalistico

12. La eliminazione del sottobosco fino all'80% distruggerà la biodiversità e renderà inospitale l'habitat a molte specie animali anche protette.

13. Il materiale triturato e lasciato sul posto favorirà l'innesco di incendi.

14. Il cosiddetto fuoco prescritto avrà pesanti negative ripercussioni sulle componenti dell'ecosistema foresta.

15. L'inutilità delle fasce parafuoco.

16. Perché non proteggere la pineta con fasce di latifoglie sempreverdi appartenenti al dinamismo della cenosi come il leccio o la sughera?

17. Gli interventi di "pulizia" biennali o triennali comporterebbero costi proibitivi che difficilmente potranno essere sostenuti. I fondi vanno spesi per migliorare le attività di prevenzione attiva.

18. Il Piano AIB non tiene conto delle funzioni ecologiche della pineta, naturalistiche e turistico-ricreative attuali e nemmeno della più recente letteratura forestale.

19. Gli interventi previsti dal piano non possono configurarsi come ordinarie pratiche selvicolturali, bensì veri interventi straordinari: tagli a raso, eliminazione totale del sottobosco, taglio nella macchia di tutti i soggetti di altezza inferiore a 2 metri.

20. Non sono rispettati gli stessi indirizzi gestionali per la tutela di specie e habitat stabiliti dalla Regione Toscana.

La pineta del Tombolo

Sulla base di queste criticità, Italia Nostra nazionale (Presidente Maria Rita Signorini), la Lega per l'Abolizione della Caccia della Toscana (Presidente Raimondo Silveri) e il WWF della Provincia di Grosseto (Presidente Luca Passalacqua) hanno depositato in data 12 luglio 2019 un Ricorso Straordinario al Capo dello Stato per l'annullamento della Delibera di Giunta Regione Toscana n. 355 del 18.3.2019 e successiva integrazione in Delibera n. 456 del 1.4.2019, che approvano il piano specifico di prevenzione antincendio boschivo per il comprensorio territoriale delle pinete litoranee di Grosseto e Castiglione della Pescaia.

Nel ricorso, in estrema sintesi, si sostiene che:

– la Pineta cd. del "Tombolo", oggetto di intervento del Piano Specifico di Prevenzione AIB, è sottoposta a vincolo paesaggistico, ambientale e idrogeologico ed è interessata da siti di importanza comunitaria e zone di protezione speciale e zone speciali di conservazione (SIC, ZPS, ZSC) per la salvaguardia degli habitat naturali e semi-naturali e della flora, fauna e avifauna selvatiche;

– i tagli previsti interessano il 70% dei pini e l'80% del sottobosco, lasciando una pineta minimale con pochi pini e cespugli, non più ricca di biodiversità e di specie protette;

157

- l'aspetto immediato e più devastante di un tale intervento è costituito dallo stravolgimento del paesaggio naturale e dell'immagine stessa del territorio;
- nell'area le attività di prevenzione, intervento e lotta attiva sono di facile attuazione senza diradamenti dei pini e del sottobosco, come da opuscolo informativo antincendio, prodotto dal Processo partecipativo "Pineta bene comune", che non è stato preso in considerazione;
- occorre riconoscere il ruolo sociale e culturale delle foreste;
- il Decreto Legislativo 3 aprile 2018 n. 34, Testo unico in materia di foreste e filiere forestali, per quanto concerne l'antincendio su aree vincolate ai sensi dell'art. 136 del D.Lgs. n 42 del 2004 come la Pineta del Tombolo, ha espressamente previsto che gli interventi selvicolturali e antincendio vengano concordati e sottoposti al controllo paesaggistico e ambientale;
- vi è eccesso di potere, difetto di motivazione e violazione di leggi regionali, nazionali e internazionali a tutela dei siti Natura 2000 presenti; degli articoli 1, 2, 3, 9, 11, 32, 97, 117, 118 della Costituzione; per sottovalutazione degli elementi di rischio, per violazione direttiva 92/43 CEE "Habitat" e Direttiva 2009/147/CE "Uccelli"; per travisamento di fatti, carenza dei presupposti, difetto di istruttoria; illogicità, contraddittorietà, sviamento, perplessità, omessa considerazione di fatti rilevanti, ingiustizia manifesta, violazione dei principi del giusto procedimento, disparità di trattamento;
- gravissime sono le omissioni istruttorie compiute dall'Amministrazione regionale toscana, i comportamenti che hanno ostacolato la partecipazione delle associazioni e dei cittadini interessati alla tutela delle aree in questione e ignorato nella sostanza i noti ed evidenti vincoli pendenti sulla Pineta del Tombolo. La Regione, pur di consentire l'accesso ai finanziamenti comunitari, ha compresso i tempi procedimentali, trascurando l'istruttoria relativa ai vincoli ambientale e paesaggistico (per non parlare di quello idrogeologico previsto dalla legge forestale regionale) omettendo la VAS e impedendo la partecipazione ai soggetti interessati, non ha valutato le osservazioni comunque sollevate, la reale consistenza del monumento naturale in questione, l'insistenza sul medesimo di domini collettivi ai sensi della L. n. 168 del 2017, l'individuazione dell'eventuale presenza di piante monumentali ai sensi dell'art. 7 della L. n. 10 del 2013 e il rilascio di esemplari vetusti e di ricovero.

Il testo del ricorso è stato scritto da me su dettatura della mia compagna, Maria Patrizia Latini, laureata in Giurisprudenza, già Delegata LIPU per la Provincia di Grosseto, poi Delegata LAC per la Regione Umbria, nonché colei che aveva già presentato il Ricorso al Capo dello Stato contro il taglio dei pini marittimi per il Matsucoccus (pag. 143). Mentre eravamo in Croazia in campeggio davanti alle isole Kornati, ci siamo chiusi in camper per una settimana (per fortuna ha anche piovuto) e nei pochi giorni disponibili prima della scadenza dei termini, Patrizia ha licenziato il testo, che poi Italia Nostra ha approvato, firmato e depositato assieme alle altre due Associazioni ricorrenti.

Luglio 2019, il campeggio in Croazia davanti alle isole Kornati dove abbiamo scritto il ricorso al Capo dello Stato

Il 24 giugno 2020 il Consiglio di Stato accoglie il ricorso nella parte che afferma che la Pineta del Tombolo è soggetta a vincolo paesaggistico e che gli interventi del piano AIB, che è incontroverso che porterebbero il taglio di circa il 70% dei pini esistenti e di circa l'80% della vegetazione arbustiva del sottobosco, non possono essere svolti senza autorizzazione paesaggistica. Il Consiglio di Stato sottolinea l'importanza delle foreste "come parte del capitale naturale nazionale e come bene di rilevante interesse pubblico da tutelare e valorizzare per le generazioni presenti e future" e giudica la valutazione svolta dalla Regione Toscana, "in ragione dell'entità degli interventi programmati, non adeguatamente motivata" e che "è mancata la necessaria considerazione e valutazione unitaria dell'impatto delle attività proposte sugli habitat".

Piano antincendi, stop all'abbattimento dei pini

Il Consiglio di Stato giudica ammissibili le ragioni di Italia Nostra, Wwf e Lac, che si erano rivolte al Capo dello Stato

In data 1.10.2020 il Presidente Sergio Mattarella firma il decreto che accoglie il ricorso.

Il 21 dicembre 2021 il Consiglio Regionale Toscano approva la LR 52/2021 che rende possibili tagli boschivi 'colturali' anche in aree specificamente vincolate senza dover ottenere l'autorizzazione paesaggistica e di conseguenza vengono ripresi i tagli nella pineta del Tombolo.

Il 24 febbraio 2022, tuttavia, il Consiglio dei Ministri impugna la LR toscana 52/2021 "in quanto talune disposizioni violano gli articoli 9 e 117, 1°e 2°comma, lettera s), della Costituzione".

Con la sentenza 239/2022, pubblicata in G.U. il 29.11.2022, la Corte Costituzionale dichiara "l'illegittimità costituzionale dell'art. 1 della legge della Regione Toscana 28 dicembre 2021, n. 52 (Disposizioni in materia di tagli colturali. Modifiche alla l.r. 39/2000)": l'autorizzazione della Soprintendenza ai beni paesaggistici, per poter tagliare boschi protetti dal vincolo, è in ogni caso indispensabile.

E questo è un precedente che "fa stato" per tutta Italia...

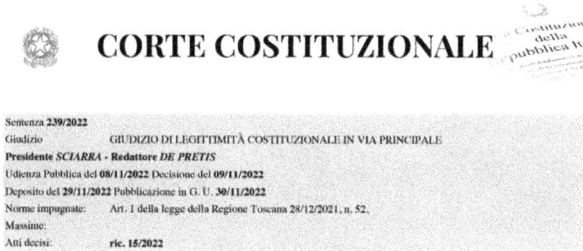

CORTE COSTITUZIONALE

Sentenza **239/2022**	
Giudizio	GIUDIZIO DI LEGITTIMITÀ COSTITUZIONALE IN VIA PRINCIPALE
Presidente *SCIARRA* - **Redattore** *DE PRETIS*	
Udienza Pubblica del **08/11/2022** Decisione del **09/11/2022**	
Deposito del **29/11/2022** Pubblicazione in G. U. **30/11/2022**	
Norme impugnate:	Art. 1 della legge della Regione Toscana 28/12/2021, n. 52.
Massime:	
Atti decisi:	**ric. 15/2022**

SENTENZA N. 239

ANNO 2022

REPUBBLICA ITALIANA

IN NOME DEL POPOLO ITALIANO

LA CORTE COSTITUZIONALE

composta dai signori: Presidente: Silvana SCIARRA; Giudici : Daria de PRETIS, Nicolò ZANON, Franco MODUGNO, Augusto Antonio BARBERA, Giulio PROSPERETTI, Giovanni AMOROSO, Francesco VIGANÒ, Luca ANTONINI, Stefano PETITTI, Angelo BUSCEMA, Emanuela NAVARRETTA, Maria Rosaria SAN GIORGIO, Filippo PATRONI GRIFFI, Marco D'ALBERTI,

ha pronunciato la seguente

SENTENZA

nel giudizio di legittimità costituzionale dell'art. 1 della legge della Regione Toscana 28 dicembre 2021, n. 52 (Disposizioni in materia di tagli colturali. Modifiche alla l.r. 39/2000), promosso dal Presidente del Consiglio dei ministri con ricorso notificato il 25 febbraio 2022, depositato in cancelleria il 28 febbraio 2022, iscritto al n. 15 del registro ricorsi 2022 e pubblicato nella Gazzetta Ufficiale della Repubblica n. 12, prima serie speciale, dell'anno 2022.

...

PER QUESTI MOTIVI

LA CORTE COSTITUZIONALE

1) dichiara l'illegittimità costituzionale dell'art. 1 della legge della Regione Toscana 28 dicembre 2021, n. 52 (Disposizioni in materia di tagli colturali. Modifiche alla l.r. 39/2000);

13. IL TAGLIO DEGLI ALBERI IN ITALIA

Nelle 12 tavolette della versione "classica" babilonese dell'epopea di Gilgamesh, la cui origine risale a oltre 2000 anni prima di Cristo, trova posto la narrazione del primo disastro ecologico della storia umana: l'Eroe, re di Uruk, e il suo compagno, il grande guerriero Enkidu, si recano nella Foresta dei Cedri, dove ne affrontano il divino guardiano Hubaba "che provoca terremoti al suo passaggio", con l'aiuto del Dio Sole lo uccidono e infine i due si dedicano a tagliare impunemente i grandi e sacri alberi, allo scopo di conquistare gloria e fama imperiture.

Fin dalle più antiche leggende questi grandi esseri viventi legnosi, che si riproducono tramite semi ed hanno un rapporto così stretto e potente con noi umani, hanno suscitato non solo la nostra ammirazione ma anche la nostra invidia, forse per la loro longevità così sorprendente rispetto alla nostra...

Country Overshoot Days 2022

When would Earth Overshoot Day land if the world's population lived like...

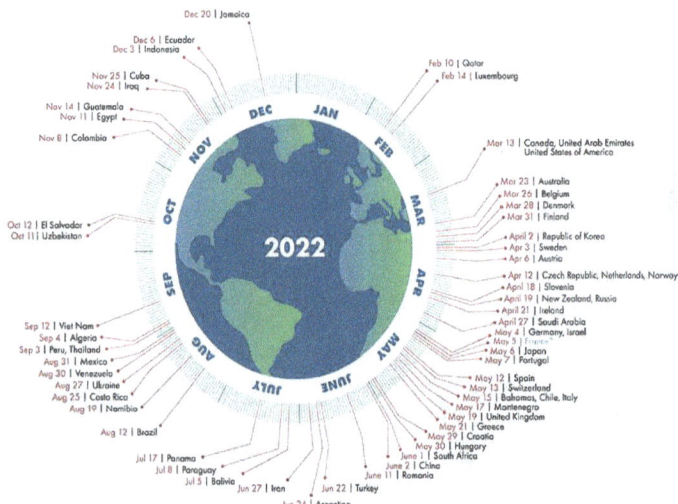

Dec 20 | Jamaica

Dec 6 | Ecuador
Dec 3 | Indonesia

Nov 25 | Cuba
Nov 24 | Iraq

Nov 14 | Guatemala
Nov 11 | Egypt

Nov 8 | Colombia

Feb 10 | Qatar
Feb 14 | Luxembourg

Mar 13 | Canada, United Arab Emirates
United States of America

Mar 23 | Australia
Mar 26 | Belgium
Mar 28 | Denmark
Mar 31 | Finland

Oct 12 | El Salvador
Oct 11 | Uzbekistan

2022

April 2 | Republic of Korea
Apr 3 | Sweden
Apr 6 | Austria

Apr 12 | Czech Republic, Netherlands, Norway
April 18 | Slovenia
April 19 | New Zealand, Russia
April 21 | Ireland
April 27 | Saudi Arabia
May 4 | Germany, Israel
May 5 | France*
May 6 | Japan
May 7 | Portugal

Sep 12 | Viet Nam
Sep 4 | Algeria
Sep 3 | Peru, Thailand
Aug 31 | Mexico
Aug 30 | Venezuela
Aug 27 | Ukraine
Aug 25 | Costa Rica
Aug 19 | Namibia

Aug 12 | Brazil

Jul 17 | Panama
Jul 8 | Paraguay
Jul 5 | Bolivia

Jun 27 | Iran

Jun 22 | Turkey

Jun 24 | Argentina

May 12 | Spain
May 13 | Switzerland
May 15 | Bahamas, Chile, Italy
May 17 | Montenegro
May 19 | United Kingdom
May 21 | Greece
May 29 | Croatia
May 30 | Hungary
June 1 | South Africa
June 2 | China
June 11 | Romania

For a full list of countries, visit overshootday.org/country-overshoot-days
*France Overshoot Day updated April 20, 2022 based on nowcasted data. See overshootday.org/france.

EARTH OVERSHOOT DAY

Source: National Footprint and Biocapacity Accounts, 2022 Edition
data.footprintnetwork.org

Global Footprint Network
Advancing the Science of Sustainability

L'Overshoot Day è il giorno in cui finisce la capacità delle risorse (cibo, fibre, legname, capacità di assorbire il carbonio ecc.) di rinnovarsi nell'arco di un anno. In Italia, nel 2022 l'Overshoot Day è stato il 15 maggio.

Dal 16 maggio in Italia stiamo usando più Natura di quanta si rinnova

Negli ultimi anni stiamo purtroppo assistendo a sempre maggiori tagli di alberi.

Appennino reggiano, 23 luglio 2017: "Nelle nostre foreste c'è un mostro che taglia gli alberi in pochi minuti"

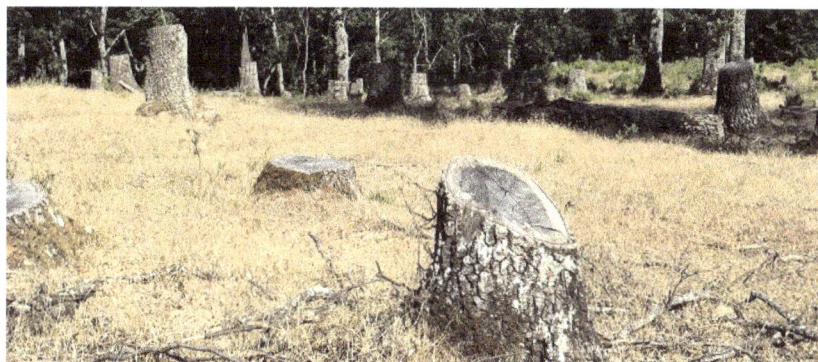

Longobucco (CS), 20 giugno 2017: taglio di centinaia di grandi alberi nel Parco della Sila

Ostia, Riserva naturale nazionale del litorale romano, lavori antincendio. 9.3.2020: la pineta è sottoposta a sequestro penale dopo il rapporto dei Carabinieri Forestali

...ma nonostante i sequestri, Ostia, 3 agosto 2021, la denuncia dei residenti di via Mar Rosso: "levano, senza un motivo, un altro po' del nostro verde prezioso".

Riserva naturale del Farma (GR)

Riserva naturale del Farma (Maremma toscana), estate 2019, 38 ha tagliati a raso: "taglio di miglioramento per favorire latifoglie autoctone"...ma "non c'erano latifoglie, solo arbusti...e sono stati usati grandi harvester, incompatibili con tagli selettivi".

Stanno tagliando alberi in quasi tutte le città italiane.

Roma, 4 aprile 2018: abbattimento dei pini secolari sulla via Appia Nuova

Firenze, 11.2.2019 - Italia Nostra: "Si tagliano alberi sani"

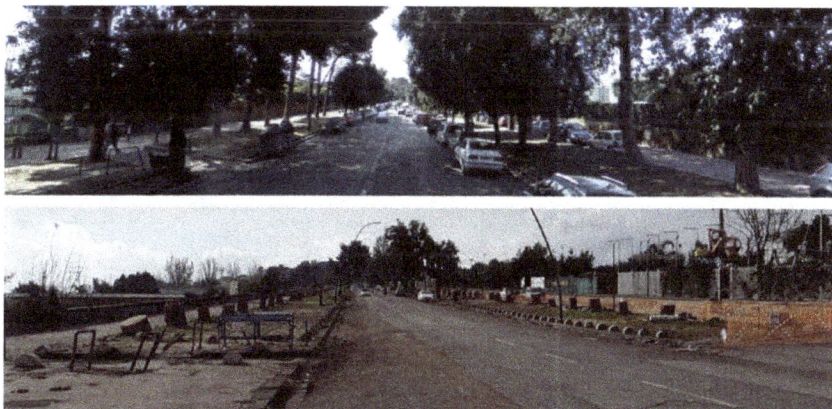

Posillipo (Napoli), 7 dicembre 2018, Viale Virgilio senza più alberi

Quali motivi vengono addotti?

Innanzitutto la sicurezza, per il timore che gli alberi possano cadere. Ma la sicurezza è possibile senza tagli preventivi, applicando sensori che monitorizzano l'albero h24 (movimento e deformazioni plastiche) e inviano messaggi di allarme a una centralina in caso di inizio di anomalie statiche, per cui si può effettuare un intervento immediato preventivo. Per monitorare 24/7/365 5.000 grandi alberi "sospetti" di Roma ipotizzammo, nel 2018, una spesa iniziale di 500.000 €, seguita da 25.000 ogni anno per la manutenzione, molto meno dei 2 milioni di euro allora previsti per i tagli.

Altro motivo, il mito che gli alberi cittadini siano ormai giunti a fine vita. A titolo di esempio, riporto due titoli apparsi 23 ottobre 2017, sulle pagine romane del Fatto Quotidiano ("l'età media attuale dei pini spesso è di 60 anni, contro un'aspettativa di vita che spesso è di 80-90 anni") e del Corriere Della Sera ("rientrano in classe D, che significa a rischio schianto, i pini dai 70 ai 100 anni").

In risposta, come Coordinatore di ISDE-Medici per l'Ambiente per il Centro Italia, in data 22.5.2018 ho prodotto al Comune di Roma alcuni documenti scientifici:

- del Prof. Bartolomeo Schirone, Ordinario di Dendrologia e Selvicoltura all'Università della Tuscia e fondatore del Corso di Laurea in Scienze della

Montagna di Rieti: "Numerose evidenze scientifiche dimostrano che gli alberi siano organismi sostanzialmente immortali; il Pino domestico raggiunge un'età di 200-250 anni";

- del Prof. Franco Pedrotti, decano dei Botanici italiani: "l'Albero è un embrione ad accrescimento indefinito; nelle Montagne rocciose vivono Pini di 4.000 anni e per il Pino domestico viene indicata un'età fino a 250 anni";

- del Prof. Gianluca Piovesan, ordinario di Selvicoltura all'Università della Tuscia: "Il Pinus pinea nell'ambiente di Roma ha una longevità di oltre 200 anni";

- del Prof. Alessandro Bottacci, già Generale del disciolto Corpo Forestale dello Stato, dove era Responsabile della Biodiversità: "Il Pino domestico supera agevolmente i 250 anni; in città la loro aspettativa di vita rimane abbondantemente sopra i 150";

- del Generale (in pensione) del disciolto CFS Silvano Landi: «E' in atto una congiura contro gli alberi: dei boschi, dei parchi urbani, delle alberature stradali…Orrende mutilazioni senza senso spacciate per potature …Tagli inconsulti a favore forse di famigerate centrali a biomassa»;

- del Prof. Franco Tassi, già Direttore per oltre 30 anni del Parco Nazionale d'Abruzzo: "Spesso, a giustificazione dell'abbattimento delle alberature urbane di viali e giardini, viene addotto il motivo imprescindibile e urgente di una pretesa pericolosità delle piante, o della presenza di gravi attacchi di parassiti, oppure dell'età ormai troppo avanzata. Questa pratica è priva di qualsiasi base scientifica, e tende a consolidare errori molto gravi sul piano ecologico, naturalistico, panoramico".

Su concessione del Comitato Lungarno del Tempio, le slide da loro presentate pubblicamente nel 2019

Secondo il Comitato Lungarno del Tempio, a Firenze nel periodo 2014-2019 sono stati tagliati 7288 alberi adulti, per 5 milioni di metri cubi complessivi di chioma, che ogni anno riassorbivano 1000 Tonn. di CO_2, 1500 kg. di biossido di zolfo e 700 kg. di biossidi di azoto, polveri sottili e ozono, ed hanno piantato 13239 piante giovani, con 60.000 metri cubi di chioma che assorbono solo 40 Tonn. di CO_2 e quantità trascurabili degli altri inquinanti. Quello che non assorbono i nuovi alberi, lo respirano i fiorentini.

Secondo Nature[170], ogni anno nel mondo si perdono 13 milioni di ettari di bosco, superficie equivalente all'Inghilterra. Abbiamo 3,05 trilioni di alberi nel pianeta, 400 per abitante e ne tagliamo 15 miliardi all'anno, 2 a testa.

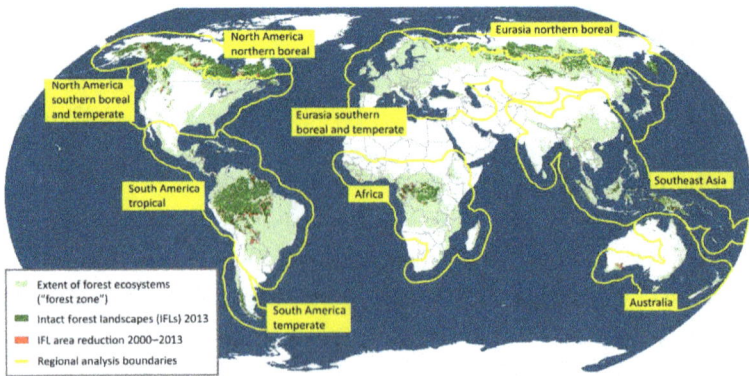

Riduzione della superficie forestale naturale mondiale

Uno studio olandese[171] mostra che la superficie forestale naturale (IFL - Intact Forest Landscape) è diminuita del 7,2% tra il 2000 e il 2013. Proseguendo così, in pochi decenni le perdite sarebbero insostenibili.

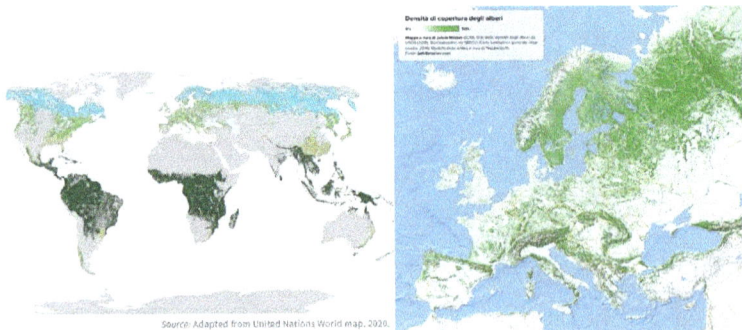

Secondo la Fao si sono persi dal 1990 al 2020 178 milioni di ettari di verde.

In Europa, dal 2011 al 2018 è aumentata del 49% la superficie forestale che viene tagliata, con un aumento del 69% di perdita di biomassa[172].

In Italia, si dice che i boschi siano in aumento, ma in realtà si tratta di abbandono dei terreni agricoli, con conseguente aumento della superficie arbustiva e non di veri alberi. Secondo l'ultimo Inventario Nazionale delle Foreste e dei Serbatoi di Carbonio (INFC2015), i boschi italiani sono molto più poveri in biomassa, con una media di 150 m3/ettaro, rispetto a boschi austriaci o tedeschi, con una media di 350 m3/ettaro.

Come affermava il compianto Comandante del Corpo Forestale dello Stato Alfonso Alessandrini, "siamo un Paese ricco di boschi poveri".

Quanti alberi sono tagliati ogni anno in Italia per produrre energia elettrica e calore?

Vediamo alcuni dati riferiti all'anno 2017, che ho dettagliatamente riportato nel mio articolo, pubblicato nel settembre 2019 su Epidemiologia & Prevenzione, dal titolo: "Le biomasse legnose non sono vere energie rinnovabili e il loro uso causa gravi effetti sulla salute."

Secondo il Rapporto statistico GSE, per quanto riguarda la produzione di energia elettrica, le fonti rinnovabili di energia (FER) nel 2017 hanno generato una potenza totale di 53 GW, producendo 104 TWh, il 35% del consumo italiano per quell'anno di energia elettrica. Di esse, le centrali a biomasse legnose che non usano rifiuti hanno fornito una potenza complessiva di 0,7315 GW, lo 0,48% del consumo totale annuo di energia elettrica.

L'Associazione Energia Biomasse Solide, nella sua audizione al Senato del 15.03.2017 per la Strategia Energetica Nazionale, attesta di aver consumato 3 milioni di tonnellate di biomasse solide vergini/anno (il 90% delle quali di provenienza nazionale) per una potenza complessiva di 280 MW, da cui si deduce un consumo di 10.714 t di biomasse vergini ogni anno per ogni MW di potenza. Altrove si trovano valori che oscillano da un minimo di 10.000 t/anno/MW a un massimo di 19.000 t/anno/MW.

Se dalla potenza complessiva di 731,5 MW certificata da GSE sottraiamo i 280 MW dell'associazione EBS, rimane una potenza di 451,5 MW, di cui possiamo provare a stimare il consumo di biomassa. Utilizzando il rapporto di 10.714 t/anno/MW, otteniamo 10.714 x 451,5 = 4,84 Mtn/anno; utilizzando un valore intermedio tra 10.000 e 19.000, cioè 14.500t/anno/MW, otteniamo 6,55 Mton/ anno. Sommando questi valori ai 3 Mt bruciati dall'Associazione EBS, stimiamo un consumo italiano totale annuo che oscilla tra 7,84 e 9,55 Mton di biomasse legnose vergini per il settore elettrico.

Il Rapporto GSE 2017 (quadro 2.3, p. 13) riporta, inoltre, una produzione annua italiana delle biomasse solide nel settore termico di 7.507,4 ktep (di cui 454,2 ktep di cogenerazione).

Sappiamo che il potere calorico inferiore (PCI) del legno[173], quello utile che rimane una volta evaporata l'acqua, dipende dal contenuto in acqua e per il legno boschivo fresco, che ha un contenuto idrico del 50%-60%, corrisponde a 2,0 kWh/kg (7,2 Mj/kg).

Sappiamo, inoltre, che 1 Tep è uguale a 11.630 kWh, da cui otteniamo che per produrre 1 Tep occorrono 5,815 t di biomassa vergine. Per produrre 7.507,4 ktep di energia termica, è possibile stimare con sufficiente approssimazione che ogni anno in Italia vengono bruciate 43,6 Mt di biomasse vergini. Sommando questo valore alle 7,84 - 9,55 milioni di tonnellate "elettriche", otteniamo un consumo in Italia di 51-53 Mton/anno di biomasse vergini totali.

Vediamo invece quante biomasse avevamo disponibili.

Secondo l'Agenzia nazionale per le nuove tecnologie, l'energia e lo sviluppo economico sostenibile (ENEA) (vedi sopra: Associazione EBS, audizione al Senato del 15.03.2017 per la Strategia Energetica Nazionale) vi è stata per il 2017 una disponibilità di biomasse/anno in Italia, in sostanza secca, di: residuali erbacee: 3,7 Mton; residuali arboree: 1,6 Mton; residuali forestali: 3,0 Mton; residuali agroindustriali: 1,1 Mton; residuali industria del legno: 3,8 Mton, per un totale di 13,2 Mton come sostanza secca.

Per corrispondere alla biomassa forestale vergine, occorre aggiungere un 50% di acqua, da cui otteniamo una disponibilità complessiva annua di 26,4 Mton di biomasse vergini.

La domanda è: dove prendiamo la metà eccedente dei 51-53 Mton/anno di biomasse vergini totali (il 90% delle quali, secondo L'Associazione BSE, è di provenienza nazionale) che GSE certifica che ogni anno bruciamo per usi elettrici e termici?

È un dato di fatto il continuo taglio di alberi, con le più varie motivazioni, a cui stiamo assistendo da alcuni anni nelle città e nei boschi italiani.

Secondo il dossier 09/2019 di RSE (Ricerca Sistema Energetico), Società per azioni italiana controllata dal GSE (Gestore dei Servizi Energetici), a sua volta controllato dal Ministero dell'Economia, quindi Società a controllo pubblico, "è bene aumentare il prelievo delle biomasse boschive perché: in termini di emissioni di CO_2 evitate, sono del tutto equivalenti al fotovoltaico; l'uso dei filtri a maniche è in grado di ridurre drasticamente le emissioni di polveri sottili; gli ossidi di azoto possono essere facilmente abbattuti".

Per valutare con dati scientifici queste affermazioni, vediamo meglio cosa sono le Biomasse e le Bioenergie.

Le biomasse possono essere solide, liquide o gassose (biogas); con esse, si bruciano tessuti viventi (bio) vegetali e animali per creare elettricità e calore.

Riscaldando ad alte temperature (500 °C) il cippato di legno e la sansa, in ambiente a bassa concentrazione di ossigeno, si realizza la pirolisi, che consiste nella scissione della cellulosa ed altri composti del legno in molecole più semplici, liquide e gassose, che danno origine al "syngas", un gas che contiene in concentrazioni variabili soprattutto ossido di carbonio, idrogeno, metano, CO_2, benzene, fenolo, acetaldeide. Possiede un potere calorico 8 volte inferiore a quello del metano ed è inquinato da polveri, catrami, idrocarburi policiclici aromatici, diossine, furani, mercurio, arsenico, tutti prodotti dal processo di gassificazione delle biomasse. Oltre alle biomasse combustibili, entrano ogni anno nel gassificatore anche varie tonnellate di ammoniaca, carboni attivi e bicarbonato ed escono ogni anno, per ogni Megawatt di energia elettrica prodotta, circa 1000 tonnellate di ceneri pesanti, ceneri leggere da depurazione dei fumi e fanghi da filtraggio acqua, che vanno tutti smaltiti.

Tuttavia, nonostante i filtri non è possibile evitare l'immissione in atmosfera della maggior parte delle polveri sottili prodotte: secondo dati ufficiali ISPRA (2019), la combustione del legno libero e del pellet produce 388 grammi di PM2,5 per GJoule di energia prodotta, mentre le centrali a Biomasse producono 321 grammi di PM2,5 per GJoule di energia prodotta: l'82% circa del legno libero. Non corrisponde al vero, quindi, che nelle centrali a Biomasse *l'uso dei filtri a maniche è in grado di ridurre drasticamente le emissioni di polveri sottili*.

Gli stessi progettisti di una grande centrale a Biomasse di 5 MW di potenza, a Roccastrada (GR), prevedevano nel 2015 una emissione annuale in atmosfera di varie tonnellate di ogni anno di ammoniaca, acido cloridrico, ossido di carbonio, composti organici volatili, polveri sottili e circa dieci tonnellate di ossido di azoto ogni MW prodotto (48 tonn./anno per i 5 MW di potenza progettati). Non corrisponde quindi al vero che nelle centrali a Biomasse *gli ossidi di azoto possono essere facilmente abbattuti*". Ricordo che gli effetti degli ossidi di azoto sulla salute umana sono: bronchiti, edemi polmonari, problemi respiratori fino al decesso; nei bambini, in acuto, aumento dell'8% dei ricoveri per asma nei bambini da 0 a 14 anni dopo 3-5 giorni di incremento e a lungo termine riduzione della funzione polmonare. Sono irritanti per gli occhi, possono provocare malformazioni cardiache (per ogni incremento di NO2 di 10 parti per miliardo, aumenta del 20% il rischio di coartazione aortica e del 25% quello di tetralogia di Fallot) e cancro alla mammella (per ogni aumento di 5 parti per miliardo di NO2, il rischio di cancro al seno aumenta di circa il 25 per cento[174]), possono causare piogge acide e particolato fine secondario.

Per quanto riguarda l'emissione con la combustione del legno di diossine e furani, ricordo come siano estremamente tossici per ambiente e salute umana, nonché particolarmente resistenti e si accumulino nei sistemi biologici e lungo la catena alimentare. In particolare, la diossina è tossica in miliardesimi di milligrammi e in generale tutti questi composti sono "distruttori endocrini" e possono provocare vari tipi di cancro, sterilità, malformazioni, danni cerebrali, immunitari e metabolici, patologie cardiache e ischemiche, danni epatici. Insomma, ci presentano le Biomasse come "tecnologia verde a impatto zero" ma omettono di elencare tutti i veleni che spargono.

In realtà, in natura nulla si crea e nulla si distrugge, tutto si trasforma (legge di conservazione della massa di Lavoisier) e incenerire trasforma semplicemente ogni tonnellata di biomassa in un maggior peso (aggiungendovi ossigeno nella combustione) di prodotti molto più tossici che vanno in atmosfera e tutti noi respiriamo. A questi, sono da aggiungere gli inquinanti emessi dagli automezzi pesanti per il trasporto delle biomasse legnose e delle ceneri, circa 2000 automezzi all'anno per ogni MW prodotto.

Per quanto riguarda in particolare l'emissione di anidride carbonica, le biomasse vengono erroneamente considerate come energie verdi a impatto zero. Ciò non è assolutamente vero: in realtà, per ogni kWh di elettricità prodotta con biomasse legnose viene emessa 1,5 volte la CO_2 emessa col carbone e 3 volte la CO_2 emessa con gas naturale[175]. Bruciando alberi di 50 o 100 anni, aumentiamo subito moltissimo i livelli già insostenibili di CO_2 in atmosfera, e gli eventuali nuovi alberi (se li piantiamo), per riassorbirli, impiegheranno per l'appunto 50 o 100 anni: ma sappiamo bene che noi questo tempo non l'abbiamo; se vogliamo salvare noi stessi e il pianeta, dobbiamo ridurre adesso le emissioni. Va inoltre calcolata anche la CO2 emessa per apertura strade; raccolta, carico, scarico, cippatura e trasporto alberi; smaltimento ceneri; costruzione ed esercizio delle centrali e otteniamo un bilancio gravemente climalterante.

La stessa EASAC (European Academies Science Advisory Council), costituita da 25 Accademie nazionali delle Scienze degli Stati membri dell'Unione europea e le Accademie nazionali delle Scienze di Norvegia, Svizzera e Regno Unito, denuncia come "bruciare molti milioni di tonnellate l'anno di foreste per produrre calore ed elettricità, emette più CO2, a parità di energia prodotta, rispetto al carbone e causa emissioni aggiuntive per il trasporto da grandi distanze; inoltre, la biomassa che importiamo da Africa o Asia e bruciamo in Italia, non viene conteggiata nel bilancio delle nostre emissioni, bensì convenzionalmente attribuita, come debito emissivo, ai Paesi, di solito del terzo mondo, che ci vendono le biomasse. In ogni caso, l'obiettivo di Parigi richiede drastiche riduzioni delle emissioni entro il 2050 e la biomassa estratta dalle foreste è incompatibile con questi obiettivi[176]".

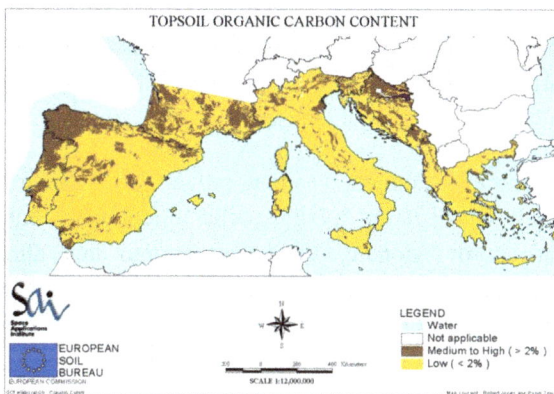

Basso contenuto in carbonio di gran parte del suolo italiano

In natura, quando un albero muore, restituisce alla terra il carbonio che ha assorbito durante la sua vita e lo fa, soprattutto, lentamente e senza combustione. E' necessario che il carbonio possa tornare al suolo, invece di bruciarlo e mandarlo in aria, sotto forma di sostanze cancerogene.

Tra l'altro, dopo il DM 6 luglio 2012 "nuovi incentivi alle rinnovabili" si possono bruciare negli impianti a biomasse anche pitture e vernici, plastica, pneumatici fuori uso, rifiuti prodotti tramite solvente, rifiuti non specificati altrimenti, ecc. (vedi sotto):

Il DM 6 luglio 2012 "Nuovi incentivi alle rinnovabili" definisce quali materiali possono essere conferiti negli impianti a biomasse

Scarti di tessuti animali;
Scarti di tessuti vegetali;
Rifiuti plastici (ad esclusione degli imballaggi);
Feci animali, urine e letame (comprese le lettiere usate)
effluenti, raccolti separatamente e trattati fuori sito;
Rifiuti della silvicoltura;
Scarti inutilizzabili per il consumo o la trasformazione;
Rifiuti prodotti dall'estrazione tramite solvente;
Rifiuti prodotti dalle operazioni di lavaggio, pulizia e
macinazione della materia prima;
Rifiuti prodotti dalla distillazione di bevande alcoliche;
Scarti di corteccia e sughero;
Segatura, trucioli, residui di taglio, legno, pannelli di truciolare
e piallacci;
Rifiuti non specificati altrimenti;
Scarti di corteccia e legno;
Scarti della separazione meccanica nella produzione di polpa
da rifiuti di carta
e cartone;
Scarti della selezione di carta e cartone destinati ad essere
riciclati;
Fanghi di scarto contenenti carbonato di calcio;
Scarti di fibre e fanghi contenenti fibre, riempitivi e prodotti di
rivestimento
generati dai processi di separazione meccanica;
Fanghi prodotti dal trattamento in loco degli effluenti;
Cuoio conciato (scarti, cascami, ritagli, polveri di lucidatura)
contenenti cromo;
Rifiuti dalle operazioni di confezionamento e finitura;
Rifiuti da materiali compositi (fibre impregnate, elastomeri,
plastomeri;
Rifiuti da fibre tessili grezze;
Rifiuti da fibre tessili lavorate;

Pitture e vernici di scarto;
Carta e pellicole per fotografia, contenenti argento o
composti dell'argento;
Carta e pellicole per fotografia, non contenente argento
o composti
dell'argento;
Rifiuti solidi prodotti dal trattamento in loco degli
effluenti;
Limatura e trucioli di materiali plastici;
Pneumatici fuori uso;
Plastica;
Componenti non specificati altrimenti;
Rifiuti inorganici;
Legno;
Altri materiali isolanti
Rifiuti che non devono essere raccolti e smaltiti
applicando precauzioni
particolari per evitare infezioni (es. bende, ingessature,
lenzuola, indumenti monouso, assorbenti igienici);
Parte di rifiuti urbani e simili non compostata
Parte di rifiuti animali e vegetali non compostata:
Compost fuori specifica;
Vaglio;
Fanghi prodotti dal trattamento delle acque reflue
urbane;
Fluff-frazione leggera e polveri;
Carta e cartone;
Plastica e gomma;
Legno;
Prodotti tessili;
Rifiuti combustibili;

Proprio come se fossero inceneritori, e difatti la linea di trattamento dei fumi delle centrali a biomasse, con filtri a manica, denitrificazione catalitica, trattamento a secco con bicarbonato di sodio e carboni attivi, è realizzata in attuazione della Direttiva 2000/76/CE in materia di incenerimento dei rifiuti.

Non di rado le centrali a biomasse vengono progettate come se ognuna fosse la sola a insistere sull'area di 70 km di raggio della "filiera corta", entro la quale per legge si devono approvvigionare, senza tenere conto delle altre centrali che insistono sul medesimo territorio e quindi della reale sostenibilità dei prelievi, che non possono essere interrotti perché le centrali a biomasse devono essere tenute sempre accese, tranne che nei periodi previsti di manutenzione.

Nell'immagine seguente sono riportate le aree che racchiudono il bacino di 70 km di raggio per ognuna delle centrali evidenziate in tabella:

1	Roccastrada	4	Massa Marittima
2	Monticiano	5	Cornia
3	Colle Val d'Elsa	6	Piombino

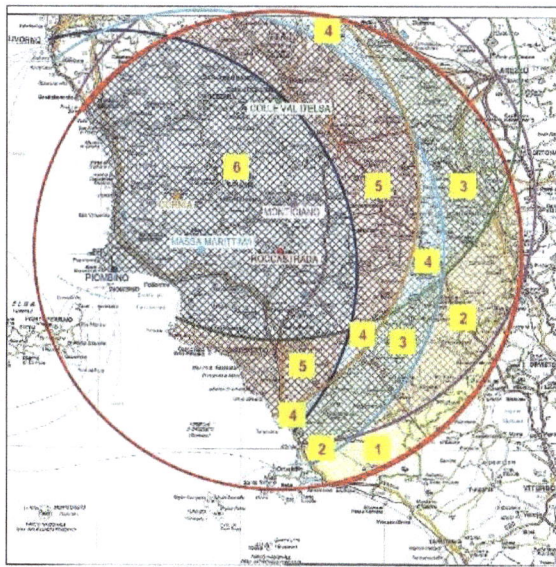

Si nota che i bacini di riferimento delle 6 centrali si sovrappongono in diversa misura:

Zona	N° di aree che si sovrappongono	Superficie km²	Superficie %
1	Esclusiva della centrale di Roccastrada	600	5%
2	2	900	8%
3	3	1.600	15%
4	4	700	6%
5	5	2.400	22%
6	6	4.800	44%
	TOTALE	11.000	100%

2013, costa toscana: sovrapposizione delle 6 aree di 70 km. di raggio della "filiera corta" delle centrali in progetto

Ad esempio, nella Provincia di Grosseto nel 2013 vi era una disponibilità di biomasse forestali per le centrali di 300.000 Tonn. all'anno secondo la Regione Toscana e di 330.000 Tonn. all'anno secondo ENEA; ciò, di fronte a un fabbisogno annuo di oltre 500.000 Tonn. di biomasse solo per le centrali di nuova progettazione (mappa sopra), a cui vanno aggiunte quelle già esistenti nell'area. Tutto questo, per intercettare gli incentivi pubblici: il piano europeo 2018 TEF (Tecnologie Emergenti Future) ha finanziato l'energia da biomassa forestale con quasi 5 miliardi di Euro di incentivi fino al recente anno 2022.

In questo quadro di utilizzo intensivo delle biomasse forestali, si è aggiunto il Decreto Legislativo 3 aprile 2018, n. 34 "Testo unico in materia di foreste e filiere forestali", che a fronte di nobili e condivisibili affermazioni di principio, quali l'Art. 1, Comma 1 che recita: "La Repubblica riconosce il patrimonio forestale nazionale come parte del capitale naturale nazionale e come bene di rilevante interesse pubblico da tutelare e valorizzare per la stabilità e il benessere delle generazioni presenti e future", in concreto, per il combinato disposto dell'Art. 3, (Co. 2, g) che definisce "terreni abbandonati" i terreni forestali nei quali i boschi cedui hanno superato, senza interventi selvicolturali, almeno della metà il turno minimo fissato dalle norme forestali regionali, ed i boschi d'alto fusto in cui non siano stati attuati interventi di sfollo o diradamento negli ultimi venti anni, e dell'Art. 12 (Co. 3) per il quale, per i terreni abbandonati, nel caso non sia possibile raggiungere un accordo con i proprietari, le Regioni possono attuare gli interventi di gestione (leggi: tagli degli alberi) con forme di sostituzione diretta o affidamento della gestione dei terreni interessati e delle strutture ivi presenti a imprese, consorzi, cooperative", praticamente il TUF impone il taglio forzoso obbligatorio periodico di tutti i boschi italiani. Cosa che nemmeno Hitler, Stalin o Mussolini si sono mai sognati di imporre nei loro regimi dittatoriali.

Il Testo Unico Forestale arriva a sostenere che la "gestione attiva" (leggi: taglio degli alberi), tra i vari benefici, previene il dissesto idrogeologico.

Il Sig. F.C., di Apecchio (LU), ha postato pubblicamente su Facebook la storia di una fustaia di conifere da rimboschimento maturo, di oltre 50 anni di età, che nel 2019 una ditta privata ha chiesto al proprietario di poter sfoltire, per inviare il legno in biomasse.

La fustaia di conifere prima del taglio

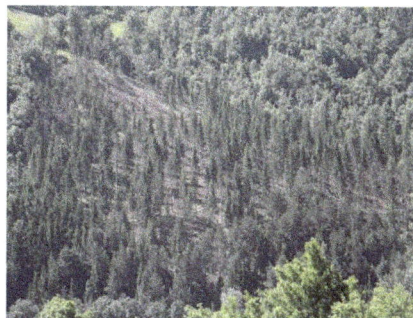

Dopo il taglio di diradamento

Tre mesi dopo, una tempesta...

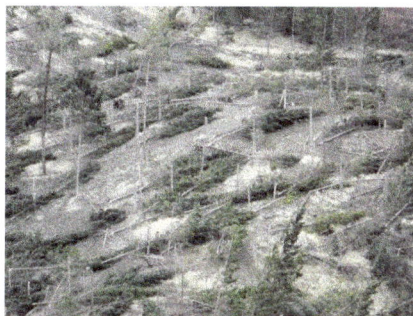

...e gli alberi, rimasti soli, sono caduti come birilli

Tre mesi dopo una tempesta di vento ha colpito quell'area, che da sempre si sapeva esposta a forti tramontane e gli alberi, tutti isolati, sono caduti come birilli...Il Sig. F.C. ci informa che è in corso adesso un progetto per rimboschire, già finanziato con soldi pubblici, dopo che altri soldi pubblici, per le biomasse, hanno finanziato il taglio.

Nei conti economici delle biomasse bisogna considerare anche quella che può essere definita "l'economia degli incendi." Come si sa, oltre il 90% degli incendi boschivi sono di origine dolosa, appiccati volontariamente dall'uomo per vari motivi, tra i quali il rifornimento di combustibile legnoso alle centrali a biomasse. Lo sostengono il Procuratore di Cosenza Mario Spagnuolo, che su Avvenire.it del 9 agosto 2017 sostiene che "dietro gli incendi che stanno devastando il Parco nazionale della Sila, ci potrebbero essere aziende forestali che riforniscono di legname le centrali elettriche a biomasse", e il Direttore della Protezione Civile della Calabria, Carlo Tansi, che sul Corriere della Calabria del 27 settembre 2018 dichiara che la mafia e il business delle biomasse sono dietro agli incendi che anche in quell'anno hanno ripreso a colpire il Parco della Sila. Spiega che gli ettari di foresta incendiati, per la legge forestale della Calabria, devono essere tagliati e dopo l'incendio gli alberi esternamente bruciati mantengono ancora un 70% di potere calorico, per cui sono utilissimi come carburante delle centrali a biomasse.

In ogni caso, si pagano euro per tagliare e cippare gli alberi incendiati, euro per rivendere il cippato alle centrali a biomasse, altri euro per ripiantare nuovi alberi e qualcuno, inoltre, ha ricevuto denaro all'inizio per appiccare il fuoco: questa è "l'economia degli incendi". Come già detto, tra le criticità dell'uso degli alberi per produrre energia come biomassa, c'è quella che se si valutano tutte le emissioni prodotte dall'intero processo e tutta l'energia utilizzata, cominciando dall'apertura di strade forestali, taglio, raccolta, carico, trasporto, scarico, cippatura del legno, combustione nelle centrali usando carburante, smaltimento delle ceneri e dei fanghi, costruzione, esercizio, manutenzione e smaltimento finale delle centrali con ripristino obbligatorio dell'ambiente, non solo abbiamo emissioni climalteranti molto maggiori di quelle che si hanno per la produzione delle vere energie rinnovabili, quali solare, eolico, idroelettrico, ma anche e soprattutto l'energia prodotta viene a essere inferiore alla somma di tutta l'energia utilizzata per produrla, con un bilancio energetico negativo. Se non ci fossero gli incentivi economici, generosamente forniti usando denaro pubblico, nessuno produrrebbe energia con le biomasse perché sarebbe antieconomico, ci rimetterebbero.

I dati sono noti da molto tempo: un articolo scientifico pubblicato su Science[177] nel lontano 1981 mostra che la bassa efficienza energetica non rende le biomasse convenienti: tutti i residui da colture e foreste potrebbero coprire solo l'1% del consumo di carburante o il 4% dell'elettricità degli Stati Uniti. Un Autore che si è lungamente interessato di questo argomento a partire dal 1983 fino ad oggi, è Vaclav Smil, Professore emerito dell'Università di Winnipeg (Canada), che nei suoi lavori[178-182] dimostra come, mentre il gas naturale e il petrolio sono energia altamente concentrata e già pronta per l'uso (tutto il lavoro lo hanno fatto, gratis, le ere geologiche), quella da biomasse è energia assai poco densa, molto dispersa, molto lenta ad essere prodotta nonché ben più costosa e assai meno efficiente rispetto sia ai combustibili fossili, sia alle vere energie rinnovabili, quali il sole, il vento, le onde e le maree.

Egli calcola alcuni interessanti valori oggettivi:

1) la "densità energetica", cioè la quantità di energia immagazzinata in una regione dello spazio per unità di volume o di massa, e quella delle biomasse legnose è la minore;
2) la "Energy Returned On Energy Invested" (EROEI o EROI), cioè il rapporto fra l'energia che si ottiene e l'energia utilizzata per ottenerla; questo rapporto è elevatissimo nel settore idroelettrico, è elevato per i combustibili fossili, l'eolico e il solare, mentre è basso per le bioenergie, talvolta anche inferiore a uno: in questo caso, come dicevamo prima, a produrre energia ci si rimette, perché si usa più energia di quella che si ottiene;
3) l'energia per ora di lavoro: le società sviluppate producono 50 GJ di energia per ogni ora di lavoro, rispetto ai 0,5 GJ per ora/lavoro delle società in via di sviluppo, che sono quelle che usano le biomasse. Se usiamo un vettore energetico a bassissima produttività, quali le biomasse, aumenta l'impatto ambientale della produzione energetica e si ostacolano le principali conquiste delle civiltà evolute, quali lo sviluppo, i servizi pubblici e privati, la scuola, le pensioni, le ferie e festività; la maggior parte della popolazione è impiegata nel settore agricolo, al lavoro 24/7, impegnata ad autosostenersi, come accade nelle società primitive.

Stanno anche emergendo evidenze scientifiche dirette di problemi alla salute dovuti alle centrali a biomasse:

- secondo un'ampia revisione di letteratura[183], vi sono vari impatti sulla salute, tra cui disturbi respiratori e inquinamento odorigeno;
- nei lavoratori delle centrali[184], aumento di bronchite cronica e dispnea;
- per esposizione ai gas della combustione delle biomasse legnose[185], si hanno danni respiratori e neurotossici;
- in particolare, per esposizione combinata a monossido di carbonio e idrogeno solforato[186] abbiamo maggiore incidenza di danni al sistema nervoso centrale;
- l'esposizione ai metalli emessi dalla combustione delle biomasse solide[187] comporta elevato rischio cancerogeno, neurotossico e di problemi respiratori;
- chi vive vicino a una centrale[188] soffre in maggiore frequenza di disturbi respiratori e cutanei;
- tra tutte le forme di produzione energetica, il rischio più alto di eventi fatali è con le biomasse[189];
- livelli aumentati di interleuchina1 nei lavoratori delle centrali, spia di

infiammazione subcronica e cronica delle vie respiratorie[190].

I dati più impressionanti sono quelli che collegano la combustione delle biomasse legnose e l'incidenza di mortalità precoce dovuta alle polveri sottili che producono.

L'European Environment Agency (EEA), l'Agenzia ambientale dell'Unione Europea, nel suo rapporto "Air quality in Europe, 2018 report", riferito al 2015, attribuisce al nostro Paese ben 90000 morti premature ogni anno per inquinamento dell'aria, di cui la maggior parte, ben 60600, dovute alle polveri sottili PM2,5; vengono poi 20500 decessi per ossidi di azoto e 3200 per ozono. Premesso che tutti dobbiamo morire, per "morti premature" si intendono persone decedute almeno 15 anni prima di quella che avrebbe dovuto essere la loro normale attesa di vita.

Nel successivo "Air quality in Europe, 2020 report", riferito al 2018, sempre secondo l'EEA abbiamo avuto in Italia 52300 morti premature/anno per inquinamento dell'aria da PM2,5, 10400 da ossidi di azoto e 3000 da ozono. I numeri dei decessi prematuri sono un poco diminuiti, soprattutto per gli ossidi di azoto, rimanendo sempre molto elevati.

Secondo l'Ispra, l'Istituto Superiore per la Protezione e la Ricerca Ambientale, il PM2,5 atmosferico italiano è per circa metà primario emissivo e per metà secondario, cioè si forma nell'atmosfera in seguito a reazioni chimiche tra le varie sostanze sospese. Sempre secondo l'Ispra, considerando solo il PM2,5 primario emissivo, circa il 66% di esso viene immesso in atmosfera a causa della combustione di tutte le biomasse legnose italiane: dalle stufe e caminetti alle caldaie a pellet e alle centrali a biomasse. I calcoli sono facili: 60600 x ½ x 66% = circa 20.000 italiani sono morti precocemente nel 2015 per il PM2,5 emesso direttamente in atmosfera dalla combustione delle biomasse legnose, mentre nel 2018 ne sono morti prematuramente 52300 x ½ x 66% = circa 17300. Una cifra enorme, soprattutto se si pensa che se invece delle biomasse legnose per produrre gli stessi importi di energia elettrica e calore fosse stato bruciato il gas naturale, che sempre secondo Ispra produce PM2,5 2000 volte di meno, avremmo avuto rispettivamente 10 morti da PM2,5 primario emissivo nel 2015 e 8 o 9 morti nel 2018: sarebbero ancora vive quasi 20.000 persone/anno.

Questi dati sono stati confermati anche dal progetto VIIAS (Valutazione Integrata dell'Impatto dell'Inquinamento atmosferico sull'Ambiente e sulla Salute in Italia) del Ministero della Salute, che sempre per il 2015 ha calcolato che il PM2.5

è stato il principale fattore di mortalità precoce in Italia, causando il 7% di tutti i decessi per cause non accidentali, con perdita in media per ogni italiano di 9,7 mesi di vita, dato che, moltiplicato per 60 Milioni di abitanti, ci porta a 48 milioni di anni di vita persi in Italia nell'anno a causa del PM2,5: il quale, come detto prima, in gran parte è immesso in atmosfera dalla combustione delle biomasse legnose.

ASL SALERNO
Azienda Sanitaria Locale Salerno

Dipartimento di Prevenzione – Area Sud
U.O.S. Prevenzione negli ambienti di vita e di lavoro D.S. 69
Tel 0828 941841 fax 0828 9426612 e-mail dp.uopc.roccadaspide@aslsalerno.it

Prot. nota n°559/ufficio di Roccadaspide del 08.06.2015

Spett.
Presidenza del Consiglio dei Ministri
Dipartimento per il coordinamento amministrativo
Ufficio per la concertazione amministrativa e il monitoraggio
presso Ufficio accettazione corrispondenza di Palazzo Chigi
Piazza Colonna 370
00187 Roma

Oggetto:
Parere medico preventivo su progetto di edilizia
ex art. 220 T.U.L.S.; Art5 comma3 let. "a" e art.20 comma 1 DPR 380/01.

In conclusione nel progetto non si è dimostrato che, con l'entrata in funzione dell'impianto, l'aria ambientale continui ad avere la sua qualità attuale – o la migliori perché vengono spenti equivalenti fonti di combustione, assicurando un saldo complessivo pari almeno a zero - priorità questa posta in una delle finalità del Decreto Legislativo 155/2010 "Attuazione della direttiva 2008/50/CE relativa alla qualità dell'aria ambiente e per un'aria più pulita in Europa" (*G.U. n° 216 del 15.09. 2010 - Suppl. Ord. N° 217*).

Per le motivazioni sopra esposte, costituenti argomento di rischio sanitario per la popolazione esposta in modi diretto ed indiretto, si esprime per quanto di competenza igienico sanitaria, ai sensi dell'ex art.220 del T.U. LL.SS., R.D. 1265/1934 e successive modifiche ed integrazioni, il PARERE NEGATIVO.

Coerentemente con questi dati, la ASL di Salerno in data 8 giugno 2015 ha dato parere negativo alla realizzazione di un impianto a biomasse nel Comune di Capaccio (SA) con la seguente inappuntabile motivazione: "Non si è dimostrato che con l'entrata in funzione dell'impianto l'aria ambientale continui ad avere la sua qualità attuale – o la migliori perché vengano spenti equivalenti fonti di combustione, assicurando un saldo complessivo almeno pari a zero – priorità questa posta in una delle finalità del decreto legislativo 155/2010".

Per l'appunto, le leggi italiane ed europee vietano il peggioramento dell'aria, in base al Decreto Legislativo n.155/2010 (modificato dal D.Lgs. n.250/2012), in attuazione della Direttiva 2008/50/CE, che recita: "mantenere la qualità dell'aria ambiente, laddove buona, e migliorarla negli altri casi".

Come conseguenza, tutte le autorizzazioni che gli Enti pubblici concedono ai vari inceneritori, cementifici e in generale industrie che producono grandi quantità di emissioni contenenti sostanze variamente inquinanti, devono assicurare che la qualità dell'aria non peggiori, facendo anche affermazioni difficilmente sostenibili, quali ad esempio quella che nella Conferenza dei Servizi del 9.7.2015 per la riapertura dell'inceneritore di Scarlino (GR), fece l'Agenzia Regionale per la Protezione Ambientale della Toscana riguardo ai fumi di combustione, sostenendo in un documento ufficiale che "*si tratta di volumi di aria che nella fase di combustione hanno semplicemente visto ridursi la percentuale di ossigeno ed incrementarsi quella di anidride carbonica*" (come se le 180.000 tonnellate di rifiuti che ogni anno vengono bruciati ed escono dal camino, svanissero magicamente nell'aria senza curarsi della legge di Lavoisier) e che l'impianto userà "*le migliori tecnologie disponibili, e questo fa si che l'emissione di inquinanti sia talmente ridotta, da non causare effetti significativi sulla qualità dell'aria*".

In realtà gli inceneritori più recenti, così come gli impianti di combustione più moderni, producono particelle sempre più piccole, non più dell'ordine del "micron" (il PM2,5 corrisponde a 2,5 micron, il diametro di un globulo rosso) bensì dell'ordine del "nano", mille volte più piccolo (due nanometri corrispondono al diametro dell'elica del DNA). Queste polveri, diversamente da quelle maggiori del micron, superano la barriera polmonare alveolare, penetrano nel circolo sanguigno e raggiungono tutti i vari organi e tessuti; la loro tossicità è tanto maggiore quanto minori sono le loro dimensioni, tanto che la pericolosità per la salute delle particelle di dimensioni nano viene calcolata in ragione del loro numero e non più del loro peso, come avviene per le particelle dell'ordine del micron. Purtroppo, la normativa italiana ed europea prevede per adesso esclusivamente la ricerca delle polveri sottili di dimensioni micron e in particolare del PM2,5 per cui, nelle emissioni in atmosfera dei moderni inceneritori e impianti di combustione, sfugge del tutto la ricerca delle nanoparticelle, proprio quelle più micidiali per la salute.

Tuttavia stanno emergendo evidenze riguardo agli effetti sulla salute anche delle particelle delle dimensioni nano. Ad esempio, uno studio della McGill University[191], su cartelle cliniche ed esposizione alle nanoparticelle di 1,9 milioni di canadesi tra Montreal e Toronto, dimostra che le nanoparticelle causano il cancro al cervello: particelle così piccole da sfuggire ai monitoraggi che costituiscono un fattore di rischio, in precedenza non riconosciuto, per i tumori cerebrali negli adulti perché in grado di penetrare fino a raggiungere il cervello.

In particolare, un aumento di 10.000 nanoparticelle per cm3 causa un nuovo caso di tumore cerebrale ogni 100.000 persone e ci sarebbero ripercussioni negative anche sull'intelligenza e sui problemi di salute mentale.

Ma se hanno una resa energetica trascurabile…se ci fanno tagliare e bruciare alberi e boschi, indispensabili per la nostra vita…se inquinano l'aria, l'acqua, i terreni…se causano danni alla salute nostra e dei nostri figli…come mai realizziamo centrali a biomasse? La risposta è semplice: per intercettare gli incentivi pubblici. I rischi di collusioni, se non di corruzione vera e propria, sono evidenti. Raffaele Cantone, nel suo libro «La corruzione spuzza» (2017) scrive: "La corruzione oggi non è più il classico accordo privato, ma la creazione di un'organizzazione criminale attraverso cui politici, burocrati, imprenditori, mafiosi perseguono gli stessi obiettivi: appropriarsi di denaro pubblico…" e sulle "Cronache Maceratesi" in data 21 luglio 2014 A. S., Consigliere regionale marchigiano, dichiara: "infiltrazioni mafiose sul biogas, si usi il pugno di ferro…la logica degli incentivi ha prodotto per il biogas -così come in precedenza per il fotovoltaico- logiche speculative che hanno inquinato il percorso".

La normale logica di un bravo e onesto amministratore dovrebbe essere:

1. Quali problemi veri devo risolvere?
2. Quali soluzioni ci possono essere?
3. Qual è la migliore per il Bene Comune?
4. Cosa mi serve (denaro, professionalità)?
5. Come trovo i finanziamenti (locali, nazionali, europei)?
6. Come trovo le professionalità più adatte?
7. Come scelgo di far eseguire i lavori al meglio?

Ci accorgiamo che purtroppo non così raramente, invece, può divenire:

1) Quali finanziamenti ci sono in giro (locali, nazionali, europei)?
2) Di quali amici dispongo (professionisti, ditte, controllori)?
3) Quali problemi devo scegliere e quali tematiche devo evidenziare per far giungere i finanziamenti agli amici, al mio gruppo politico, a me stesso?
4) Quali soluzioni, ricerche, perizie, logiche (rigide e immodificabili) devo mettere su per far scorrere i soldi come voglio io e, se possibile, senza correre rischi?

Il fatto è che siamo umani e troppo spesso privilegiamo il tornaconto immediato personale nostro, del nostro gruppo, dei nostri alleati piuttosto che il bene generale, presente e futuro, di tutti i cittadini, dell'intero paese, dell'Umanità e del Pianeta.

Per promuovere una collaborazione tra tutti i soggetti, persone e associazioni, interessati a combattere il taglio di alberi e foreste e il loro uso energetico come biomasse, ho partecipato nel biennio 2018-2019 alla fondazione del "Gruppo Unitario per le Foreste Italiane", G.U.F.I. (nome e acronimo suggeriti da me), di cui sono socio fondatore e membro del Consiglio Direttivo.

Il G.U.F.I. è stato ufficialmente costituito in data 20 aprile 2019, nella città di Pescara, residenza del Presidente, dopo una fase preparatoria durata alcuni mesi, con riunioni presso la sede nazionale romana di Italia Nostra, dove ci siamo chiariti che non avremmo dato vita a una ennesima associazione ambientalista, bensì a una organizzazione di tipo movimentistico che perseguisse attivamente la completa revisione del nuovo Testo Unico Forestale licenziato in data 3 aprile 2018 e in generale la lotta al taglio dei boschi, cercando di volta in volta di aggregare e mobilitare attivamente tutte le persone e le Associazione interessate a difendere gli alberi e le foreste.

Nell'Assemblea del GUFI tenutasi a Rieti in data 18 maggio 2019, la prima dopo la riunione costitutiva, veniva approvato di nominare all'interno del Consiglio Direttivo una più snella "Giunta Esecutiva" che fungesse da organo di governo quotidiano, alla quale venivano eletti tra consiglieri: il Presidente, il Vicepresidente e il sottoscritto, allora anche Tesoriere oltre che Consigliere. La decisione venne presa col mio unico voto contrario, poiché io avrei preferito che l'intero Consiglio Direttivo proseguisse a svolgere le funzioni di governo dell'Associazione; in ogni caso, come Giunta procedemmo a varie iniziative, tra le più importanti delle quali un appuntamento con l'allora Ministro dell'Ambiente Sergio Costa, che ricevette al Ministero in Roma, nel settembre 2019, una nostra delegazione composta dal Vicepresidente Prof. Bartolomeo Schirone, da me e dall'altro Consigliere GUFI Dr. Alessandro Bottacci. Nel corso della riunione, presentammo al Ministro le problematiche connesse soprattutto con i tagli forestali e con l'impiego del legno nelle centrali a biomasse, riassumendo i punti di fortissima criticità riguardo sia ai danni per l'ambiente sia a quelli per la salute, con il decesso precoce di decine di migliaia di cittadini italiani ogni anno a causa delle polveri sottili emesse dalla combustione delle biomasse legnose ed ottenemmo alla fine, in particolare su mia insistenza, di poter organizzare un grande convegno scientifico presso il Parlamento nel quale pubblicamente confrontare, davanti a senatori, deputati, giornalisti, televisioni e cittadini italiani, le tesi nostre e quelle delle controparti, dando il massimo di visibilità possibile al dibattito.

In quel tempo io abitavo a Roma e fu lasciata di fatto a me l'incombenza di un regolare contatto con i collaboratori del Ministero dell'Ambiente e del connesso Ministero delle Politiche agricole e forestali, del quale in primis è la competenza sulla gestione delle foreste italiane. Nei mesi da settembre a dicembre 2019 ci furono tutta una serie di contatti, di cui in tempo reale informavo per telefono i Colleghi della Giunta esecutiva e regolarmente via email gli altri membri del Consiglio Direttivo GUFI; alla fine, poco prima di Natale, fu ipotizzato di tenere tale convegno, a inizio anno nuovo, nell'Auletta dei Gruppi Parlamentari di Montecitorio, la più grande del Parlamento con oltre 330 posti a disposizione; visti i presupposti, il Convegno avrebbe avuto una grossa risonanza nei media e nel Paese.

Sotto le feste natalizie, mi fu comunicato dalla Segretaria della Commissione Agricoltura della Camera dei Deputati, che per competenza sulle foreste aveva assunto il ruolo di principale coordinamento del Convegno, che la nostra controparte nella discussione scientifica pubblica sarebbero stati il Presidente e i Consiglieri Nazionali dell'Ordine degli Agronomi e Forestali e gli esperti dell'AIEL, Associazione Italiana Energie Agroforestali, tutti ovviamente a favore delle biomasse. Il Convegno si sarebbe dovuto tenere i primi di febbraio 2020 in un orario solo di mattina, prevedendo per la nostra parte meno di due ore di intervento, tempo troppo breve per presentare con sufficiente chiarezza e completezza le nostre solide e incontrovertibili evidenze scientifiche.

A tal fine, a inizio gennaio 2020 tenemmo una riunione urgente del Consiglio Direttivo GUFI tramite videoconferenza, nella quale io espressi il parere che si dovesse andare al confronto in ogni caso, ma fu deciso a maggioranza di non accettare il Convegno nel format troppo riduttivo che ci veniva imposto dall'alto. Io per primo provai allora a proporre ipotesi alternative di Convegno che maggiormente ci garantissero, ma l'insorgere in Italia della Pandemia nel febbraio 2020, con l'inizio del lockdown a partire da marzo, impedì ogni ulteriore possibilità di pubblico dibattito. Una serie di fattori, quali i grandi interessi in gioco da parte delle lobby delle biomasse associata al "non entusiasmo" a realizzare la scomoda iniziativa da parte dei referenti politici che pure supportavano le nostre posizioni e alla legittima preoccupazione di noi GUFI di evitare passi controproducenti, ci aveva fatto perdere la strettissima "finestra" di poche settimane nella quale avremmo potuto effettuare il Convegno, prima che il Coronavirus travolgesse e condizionasse per quasi due anni la vita pubblica...

LIMITAZIONE EMISSIONI IN ATMOSFERA
Audizione del
5.2.2020

Dr. Ugo Corrieri
Coordinatore di ISDE-Medici per l'Ambiente per il Centro Italia

Audizione alla Commissione Ambiente della Camera dei Deputati del 5 febbraio 2020 sulla limitazione delle emissioni in atmosfera

Feci appena in tempo a partecipare, come Coordinatore di ISDE-Medici per l'Ambiente per il Centro Italia, alla Audizione del 5 febbraio 2020 sulla limitazione alle emissioni in atmosfera presso la Commissione Ambiente della Camera dei Deputati, dove proiettai le mie slide per 17 minuti illustrando con chiarezza i gravi danni delle biomasse all'ambiente e ai cittadini, con quasi 20.000 morti precoci ogni anno per il PM2,5 immesso in atmosfera: comunicazioni che furono ascoltate con attenzione dai membri della Commissione, senza che poi mi risultassero conseguenze sulle politiche energetiche nazionali.

Poi l'emergenza pandemica ha polarizzato per lungo tempo l'attenzione di tutti.

Ma adesso occorre che ci mobilitiamo per il bene comune, nostro e delle future generazioni: ogni anno che passa, sempre più i cambiamenti climatici incombono ed è sempre più chiaro che non possiamo attendere oltre. Per quanto riguarda le energie alternative e le "emissioni zero", è necessario che cerchiamo di togliere subito gli incentivi pubblici alle bioenergie, anzi che procediamo a penalizzarle perché le evidenze scientifiche le dimostrano inquinanti e che spostiamo tutti i finanziamenti su solare e derivati dal sole quali eolico, onde, maree.

Vi è una diffusa consapevolezza nella Comunità scientifica internazionale.

Nella lettera inviata il 14 gennaio 2018 ai Membri del Parlamento Europeo ("Letter from scientists to the eu parliament regarding forest biomass") 784 scienziati di molti Paesi scrivono: "Mentre il Parlamento europeo si muove lodevolmente per espandere la direttiva sulle energie rinnovabili, esortiamo vivamente i membri del Parlamento a modificare la presente direttiva per evitare danni espansivi alle foreste del mondo e l'accelerazione del cambiamento climatico. Il difetto della direttiva risiede nelle disposizioni che consentirebbero ai paesi, alle centrali elettriche e alle fabbriche di rivendicare crediti verso obiettivi di energia rinnovabile per aver deliberatamente abbattuto alberi per bruciarli per produrre energia. La soluzione dovrebbe consistere nel limitare la biomassa forestale ammissibile ai sensi della direttiva ai residui e ai rifiuti... l'abbattimento degli alberi per la bioenergia rilascia carbonio che altrimenti rimarrebbe imprigionato nelle foreste e la deviazione del legno altrimenti utilizzato per i prodotti in legno causerà ulteriori tagli altrove per sostituirli.

Anche se le foreste possono ricrescere, l'utilizzo di legno raccolto deliberatamente per la combustione aumenterà il carbonio nell'atmosfera e il riscaldamento per decenni o secoli - come hanno dimostrato molti studi - anche quando il legno sostituisce carbone, petrolio o gas naturale. Le ragioni sono essenziali e si verificano indipendentemente dal fatto che la gestione forestale sia "sostenibile": la combustione del legno è inefficiente e quindi emette molto più carbonio rispetto alla combustione di combustibili fossili per ogni chilowattora di elettricità prodotta, mentre una corretta raccolta del legno lascerebbe anche una certa biomassa per proteggere i suoli, come radici e piccoli rami, che si decompongono ed emettono carbonio.

Il risultato è un grande "debito di carbonio".

La ricrescita degli alberi e lo spostamento dei combustibili fossili potrebbero alla fine ripagare questo debito di carbonio, ma solo dopo lunghi periodi di tempo; nel complesso, consentire la raccolta e la combustione del legno ai sensi della direttiva trasformerà le grandi riduzioni altrimenti ottenute attraverso il solare e l'eolico in grandi aumenti di carbonio nell'atmosfera entro il 2050".

Lo stesso Frans Timmersmans, Vicepresidente esecutivo della Commissione europea, alla COP 25 di Madrid del 2-13 dicembre 2019 ha dichiarato: "Dobbiamo assicurarci che le bioenergie non facciano più danni rispetto ai benefici. La scienza mostra che bruciare pellet di legno è peggio che bruciare carbone, poiché è necessario bruciare più pellet per produrre livelli di energia equivalenti al carbone. E inoltre rimpiazzare le foreste tagliate per raggiungere la neutralità del carbonio richiede molti decenni, tempo non disponibile per un mondo che deve ridurre rapidamente le emissioni nei prossimi 20 anni".

Franz Timmersmans alla COP25 di Madrid

L'11 febbraio 2021 500 scienziati di tutto il Mondo hanno chiesto l'interruzione del taglio degli alberi a fini energetici ai Presidenti della Commissione europea, del Consiglio europeo, degli Stati Uniti, della Corea del Sud e al Primo Ministro del Giappone.

La Forest Defenders Alliance è in prima fila nell'affermare che "l'Unione Europea deve proteggere le foreste, non bruciarle per ricavarne energia; la combustione di biomassa, falsamente considerata a zero emissioni di carbonio, emette più CO_2 per unità di energia rispetto ai fossili; gli alberi non ricrescono dall'oggi al domani; bruciare legno aumenta le emissioni di gas serra per decenni o per secoli; il disboscamento delle foreste degrada gli ecosistemi e causa la perdita di biodiversità; la combustione delle biomasse legnose è tra le principali fonti di inquinamento, causando 1.000 morti premature al giorno in Europa, mentre i cittadini europei pagano fino a 17 Miliardi di Euro/anno per le bioenergie come "energia rinnovabile".

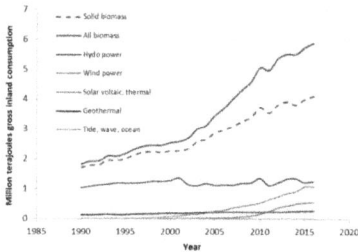

Figure 1: Renewable energy inputs in the EU. Data from Eurostat.

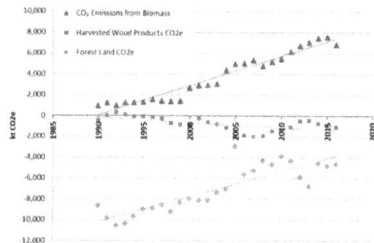

Figure 2: UNFCCC emissions data for Slovakia

Slovacchia (1990-2015): CO2 emessa da biomasse ↑ da 1000 a 8000 Ktn./anno; CO2 fissata da foreste ↓ da 10.000 a 4.000 Ktn./anno

Come si vede nei grafici precedenti, le ONG WOLF e PFPI mostrano che nell'UE dal 1990 al 2015 sono aumentate, tra le energie rinnovabili, soprattutto quelle da biomasse solide e che nello stesso periodo in Slovacchia le emissioni di CO2 da biomasse sono passate da 1000 a 8000 Ktn./anno, mentre è diminuita da oltre 10.000 Ktn./anno del 1990 a 4000 Ktn./anno del 2015 la capacità delle foreste di sequestrare CO2 dall'atmosfera. I sempre maggiori tagli rendono i nostri boschi meno efficaci nel fissare il carbonio.

Il 25 maggio 2022 la Finlandia ha ufficialmente dichiarato che per la prima volta sta emettendo più anidride carbonica di quanta ne assorbe, secondo le stime dell'impatto climatico della silvicoltura nel 2021, con ridotta crescita della copertura forestale e aumento del disboscamento.

Dai dati preliminari dell'Annuario dei dati ambientali, la più completa raccolta di statistiche e informazioni sullo stato dell'ambiente a cura dell'Istituto per la Protezione e la Ricerca Ambientale (ISPRA), nel 2021 in Italia si è registrato un aumento dei gas serra, con un incremento delle emissioni dello 0,3%.

Se ormai i drammatici cambiamenti climatici sono sotto gli occhi di tutti e i "negazionisti" stanno perdendo presa sulle opinioni pubbliche, altri argomenti rimangono controversi, quali ad esempio quello del taglio diffuso di alberi, specialmente in ambiente urbano, perché ostacolerebbero la tecnologia 5G, il nuovo standard delle reti cellulari a banda larga che si sta diffondendo in tutto il mondo. Correlazione negata da alcuni e sostenuta da altri, in base a documenti quali ad esempio un rapporto dell'Ordance Survey del 2018[192] (ente pubblico del Regno Unito incaricato di redigere la cartografia statale) dove si sostiene che arbusti, foglie e rami "devono essere considerati come bloccanti del segnale" del 5G al pari di materia solida (pietra e cemento) e una raccomandazione dell'Istituto per i sistemi di comunicazione dell'Università britannica di Surrey a Guildford (est Inghilterra) alle autorità locali di valutare come gli alberi costituiscano l'ostruzione più alta e più probabile per le nuove reti mobili 5G.

Qualcosa, per fortuna, si muove.

Dal 2019, la Norvegia può fregiarsi di essere il primo Stato ad abolire per legge la deforestazione nelle sue attività istituzionali: nessun contratto viene siglato tra la pubblica amministrazione e le società che tagliano alberi. Inoltre, sta investendo importanti somme per fermare la deforestazione in Brasile, Liberia e Indonesia. Sull'Amazzonia ha messo a punto un protocollo, assieme a centinaia di fondi monetari e aziende private, che incentiva economicamente le imprese che riducono i tagli delle foreste; con l'Indonesia ha concordato di finanziare la riduzione delle emissioni di carbonio dagli alberi abbattuti e bruciati come biomasse e i primi pagamenti sono cominciati nel 2019, dopo che dal 2017 si è finalmente registrata una riduzione dei tassi di deforestazione: "l'Indonesia ha cambiato rotta, e questa è una grande notizia per tutti noi", ha dichiarato Oyvind Eggen, direttore della Rainforest Foundation Norway di Oslo.

In Italia, con la Legge costituzionale 11 febbraio 2022 n. 1, votata in seconda votazione e con la maggioranza di due terzi dalla Camera dei Deputati e dal Senato della Repubblica, all'articolo 9 della Costituzione è stata aggiunta, oltre alla tutela del patrimonio storico e artistico e a quella del paesaggio, anche la tutela dell'ambiente, della biodiversità, degli ecosistemi e degli animali, "anche nell'interesse delle future generazioni".

Ma tutto questo non è sufficiente: stiamo procedendo con troppa lentezza, ambiguità e incertezze.

Secondo un recentissimo studio di un gruppo internazionale di esperti, guidati dall'Università di Cambridge e pubblicato nel 2022 sulla rivista dell'Accademia americana delle scienze (PNAS)[193], "ci sono molte ragioni per credere che il cambiamento climatico possa diventare catastrofico, anche a livelli di riscaldamento modesti", per cui occorre prepararsi a scenari terribili, quali la fame e la malnutrizione, gli eventi metereologici estremi, le guerre per la sopravvivenza, l'aumento delle malattie; scenari che possono giungere a decimare la popolazione mondiale o addirittura portare all'estinzione del genere umano.

Che cosa possiamo fare, noi semplici cittadini?

Ricordiamo cosa ci ha detto di recente un grande rivoluzionario[194]:

- è fondamentale cercare soluzioni integrali, che considerino le interazioni dei sistemi naturali tra loro e con i sistemi sociali;
- non ci sono due crisi separate, ambientale e sociale, bensì una sola e complessa crisi socio-ambientale;
- si richiede una decisione politica sotto la pressione della popolazione;
- la società, attraverso organismi non governativi e associazioni intermedie, deve obbligare i governi a sviluppare normative, procedure e controlli più rigorosi;
- su questo tema le vie di mezzo non sono percorribili: sono solo un piccolo ritardo nel disastro;
- semplicemente, si tratta di ridefinire il progresso;
- dobbiamo esercitare una sana pressione su chi detiene il potere politico, economico e sociale.

Papa Francesco, Enciclica "Laudato SI"

Non si può fare? "Oggigiorno le cose cambiano così rapidamente che chi dice 'non si può fare' viene sempre interrotto da chi lo fa" (Elbert Hubbard).

Elbert Hubbard (1856-1915)

Per adesso, l'elefante ha partorito il topolino: il 14 settembre 2022 il Parlamento europeo ha votato la Nuova Direttiva sulle Energie Rinnovabili. Un minimo si è ottenuto riguardo alle biomasse: la combustione della cosiddetta "biomassa legnosa primaria" per la produzione di energia non sarà più considerata una forma di energia "rinnovabile" e non riceverà più gli incentivi.

Viene inoltre introdotto un limite massimo alla quota di "biomassa legnosa primaria", che consiste nella media raggiunta nel periodo 2017-2022.

Infine, entro il 2030 la quota della biomassa legnosa primaria dovrà essere progressivamente ridotta...ma la riduzione sarà definita in seguito.

Altra criticità: bruciare il legno proveniente da tagli di alberi stradali, oppure da interventi fitosanitari, nonché abbattuti per la prevenzione degli incendi, verrà ancora considerato "energia rinnovabile" e proseguirà ad essere incentivato, cosa che secondo molti può far presagire un aumento, piuttosto che una diminuzione, dei tagli degli alberi e delle emissioni in atmosfera per la combustione del legno.

Riusciremo a far cessare il taglio degli alberi? La Norvegia lo ha vietato per legge dal 2019

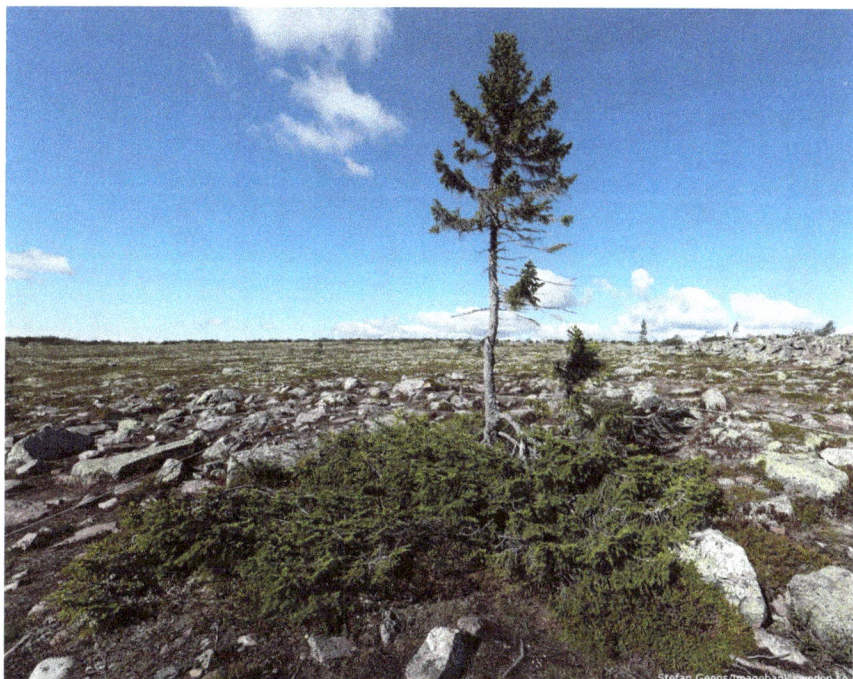

L'albero più antico del Mondo: l'abete rosso Tjikko, 9.563 anni, Parco Nazionale Fulufjället, Svezia

Appendice:
la camminata terapeutica nella foresta

NORDIC WALKING E SMARTWALK NELLE FORESTE

Nordic Walking nei boschi periurbani

Il Nordic Walking è una tecnica di cammino che da alcuni decenni ha preso piede in molti Paesi del mondo. È un modo di camminare in maniera naturale, coinvolgendo attivamente anche le braccia nel movimento, per mezzo dei bastoncini. Nella vita moderna si cammina di solito in modo errato, in posizioni rigide e/o inclinate in avanti, senza usare tutto il corpo ma solo le gambe.

Il Nordic Walking permette di ritrovare il modo di camminare più fisiologico, mettendo in moto attivamente oltre il 90% dei muscoli, addirittura più del nuoto.

E' facile da praticare, imparando ad effettuare un movimento naturale con ritmo alternato; quando si effettua per il benessere, va svolto senza sforzo, con piacevolezza ed offre una meravigliosa opportunità di coinvolgere le persone in un'attività di movimento all'aria aperta.

La camminata con i bastoncini ha iniziato essere praticata nei Paesi scandinavi dopo la Prima Guerra Mondiale, negli anni '20 e '30 del secolo scorso, come tecnica di allenamento estivo degli atleti di fondo, i quali, nei mesi in cui i prati non erano coperti di neve, si allenavano con i bastoncini camminando sull'erba e nei percorsi di terra battuta. Da allora, varie esperienze di camminata coi bastoncini sono state proposte, sia per scopi sportivi, sia come tecnica di benessere, se non addirittura terapeutica. Tra i primi, l'esperienza di allenamento estivo dei fondisti italiani negli anni 60', che culminarono con la vittoria di Franco Nones della medaglia d'oro nella 30 chilometri nel 1968 alle Olimpiadi invernali di Grenoble; tra le seconde, il metodo sviluppato negli anni '80 del secolo scorso dall'americano Tom Rutlin, che dopo un grave infortunio riprese a camminare e ad allenarsi utilizzando una tecnica con i bastoncini che lui chiamò "Exerstriding".

Per trovare il termine Nordic Walking bisogna giungere al 1997, quando lo studente finlandese Marko Kantaneva ha creato questo nome per designare una tecnica di cammino coi bastoncini che ha sviluppato nella sua tesi di Laurea presso il Finnish Sports Institute di Vierumaki, Finlandia. In breve tempo il termine Nordic Walking ha fatto il giro del mondo, perché questa tecnica si è diffusa in moltissimi paesi, soprattutto europei e nordamericani, spesso riadattata per opera di medici e di osteopati da quella originaria di allenamento sportivo intensivo a una più conservativa, finalizzata alla corretta postura e a una camminata di benessere per tutte le età, fino a quelle più avanzate.

Secondo vari studi, a cominciare da quelli pionieristici svolti dall'Istituto Cooper di Dallas (USA)[195], i benefici del Nordic Walking sono molteplici:

- è più efficace del 40% del camminare senza bastoncini;
- aziona quasi tutta la muscolatura corporea e un'ora di Nordic Walking 3 volte a settimana ad andatura moderata aumenta stabilmente il metabolismo aerobico con consumo essenzialmente dei grassi;
- alleggerisce il carico sull'apparato motorio durante il movimento salvaguardando caviglie, ginocchia e colonna;
- incrementa l'ossigenazione dell'intero organismo;
- scioglie le contrazioni nella zona delle spalle e della nuca;
- ritarda il processo di invecchiamento;
- migliora il lavoro del sistema cardiocircolatorio;
- rinforza il sistema immunitario e stimola l'eliminazione degli ormoni originati dallo stress.

Studi più recenti hanno dimostrato anche notevoli benefici in pazienti con diabete di tipo 2; in pazienti cardiopatici non gravi; in persone con problemi di stress, ansia cronica, depressione dell'umore; con patologie neurodegenerative; nelle donne mastectomizzate per tumore al seno una corretta tecnica di Nordic Walking riattiva i circoli linfatici collaterali riducendo l'edema del braccio.

Come si vede, molti di questi benefici si sovrappongono a quelli che si ottengono mediante l'immersione in foresta, per cui praticare attività di Nordic Walking mentre si cammina immersi nel verde costituisce una vera e propria "Camminata terapeutica nella foresta".

Occorre tener presente che le moderne scuole di Nordic Walking distinguono generalmente tre tipi di attività: una agonistica, nella quale, camminando con i bastoncini secondo una tecnica corretta valutata da giudici lungo il percorso come accade ad esempio nelle gare di marcia, si effettua una vera e propria gara a tempo nella quale vince, come in tutti gli sport, chi arriva prima. In questa, come in tutte le attività fisiche portate al massimo dello sforzo, occorre essere atleti in possesso dell'idoneità all'attività sportiva agonistica, consapevoli che l'organismo viene sottoposto a notevole stress.

Un secondo tipo di Nordic Walking è finalizzato al fitness; qui i carichi di allenamento sono meno pesanti rispetto alle attività agonistica ma più impegnativi di quello per il semplice benessere e possono essere progressivamente aumentati con l'aiuto di un allenatore o di specifici programmi di allenamento. Ci si basa su un metabolismo aerobico prevalentemente glicidico, che comporta un significativo aumento della attività muscolare e cardiorespiratoria, con significativa formazione di acido lattico e di radicali liberi nell'organismo come effetto dei processi metabolici di consumo di energia.

C'è infine, e di questo intendiamo parlare nel nostro caso, il Nordic Walking finalizzato alla salute psicofisica, nel quale lo sforzo è appositamente minimale: bisogna camminare in assoluto benessere, senza mai andare in affanno, in modo da ridurre al minimo la formazione di radicali liberi e di acido lattico, promuovendo un metabolismo aerobico prevalentemente se non essenzialmente lipidico (che comporta il consumo soprattutto dei grassi corporei), e ciò si può ottenere mantenendo l'attività al di sotto di un VO2 max (la misura del massimo volume di ossigeno consumato per minuto, in millilitri per chilogrammo di peso) del 60%.

Ciò può essere ottenuto in due modi. Il più complesso è indossare un cardiofrequenzimetro e controllare regolarmente che la nostra frequenza cardiaca rimanga al di sotto del valore che viene indicato dalla nota "Formula di Karvonen" opportunamente modificata in senso conservativo. Oppure, molto più semplicemente possiamo suggerire a coloro che camminano di dialogare regolarmente tra loro e di mantenere sempre un'andatura che consenta efficaci scambi verbali, anche prolungati, senza andare incontro al minimo affanno nel parlare. In questo modo ognuno praticherà il Nordic Walking nella maniera migliore per il proprio organismo, finalizzata a ottenere il massimo dei benefici. La durata della passeggiata di benessere coi bastoncini dovrebbe essere mediamente di almeno 90-120 minuti, tempo che si sposa bene con le 2-3 ore di immersione ottimale in foresta.

La variante finalizzata al benessere deriva da una evoluzione della originaria tecnica di Nordic Walking quale allenamento sportivo, per come originariamente concepito da Kantaneva, modificato per opera di tecnici osteopati tedeschi, quali in particolare Andreas Wilhelm[196], che ha ideato la "Tecnica Alfa", idonea per una corretta postura e una camminata salutare a tutte le età.

In estrema sintesi, il movimento corretto inizia dal piede, che opera la cosiddetta "rollata": ad ogni passo in avanti appoggia innanzitutto a terra il tallone, quindi procedendo appoggia la pianta sul lato esterno fino alla base del quinto metatarso, dove opera una veloce rotazione dell'appoggio dalla base del quinto alla base del primo dito (la cosiddetta "elica del piede") e proseguendo nello slancio in avanti del corpo e indietro della gamba, termina il passo con una decisa spinta finale in avanti sull'alluce. All'inizio del movimento, contemporaneamente alla spinta in avanti della gamba e del piede, il bacino ruota spingendo in avanti la linea bis-iliaca omolaterale, mentre il tallone raggiunge il terreno iniziando il movimento di rollata. Appoggiandosi a terra, la gamba provoca anche un movimento di "basculamento" del bacino, che dallo stesso lato non solo fa ruotare in avanti la linea bis-iliaca omolaterale ma la sposta anche in basso, compiendo quindi un movimento di "pagaiata" che assieme è in avanti e in basso e che si ripete a ognuno dei due lati del bacino a ogni passo che compiamo con la gamba omolaterale.

Mentre effettuiamo la "pagaiata" del bacino, con rotazione in basso e in avanti della linea bis-iliaca omolaterale e di conseguenza in alto e indietro della linea bis-iliaca controlaterale, il braccio dello stesso lato spinge indietro il bastoncino, a gomito esteso: il che fa compiere un movimento di contro-rotazione dell'asse bis-acromiale tra le scapole. In altre parole, dallo stesso lato in cui avanza la gamba, la linea bis-iliaca si sposta in avanti e in basso mentre la linea bis-acromiale si sposta indietro, controruotando rispetto alla linea bis-iliaca.

Tale movimento di contro-rotazione secondo il piano orizzontale della linea bis-acromiale rispetto alla linea bis-iliaca si ripete quindi a ogni passo, realizzando di fatto un massaggio benefico di tutti i dischi intervertebrali ad ogni movimento di avanzamento, massaggio fondamentale per la postura corretta così come per la salute della nostra colonna.

Spingendo indietro il bastoncino, il braccio esteso (ma non troppo rigido) compie anche un movimento di intrarotazione dell'avambraccio, incrociando radio e ulna e realizzando un appoggio molto più sicuro e fermo dell'avambraccio mentre spinge con forza il bastoncino indietro. La spinta avviene con le braccia che scorrono vicino al tronco e spostandosi indietro e in basso permettono una "apertura" del fascio nerveo-vascolare ascellare omolaterale, anche in questo caso con un benefico effetto sulla circolazione di sangue e linfa. La spinta indietro del braccio sul bastoncino, a ogni passo, avviene utilizzando il muscolo gran dorsale nella sua parte inferiore e il muscolo rotondo, mentre rimangono rilassati (ma tonici) i muscoli della nuca e del collo, permettendo una postura verticale ma rilassata ed evitando rigidità cervicali. La testa è eretta e lo sguardo è in avanti al di sopra del terreno. In complesso, occorrono alcuni mesi di regolari esercitazioni per mettere a punto questo complesso insieme coordinato di movimento, eccellente per il recupero della corretta postura nel cammino e di una condizione di benessere psicofisico.

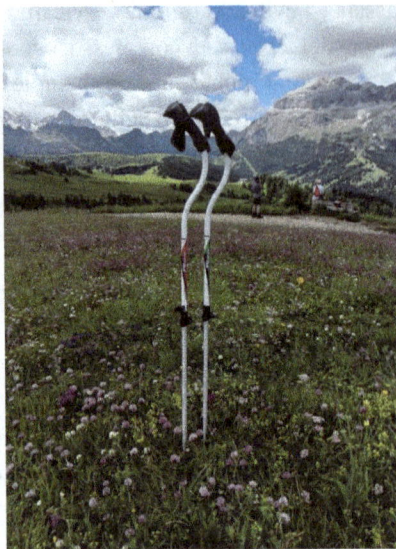

Una variante utilissima, che personalmente utilizzo oramai da vari anni, è quella dei bastoncini con doppia curvatura, detti appunto "curve"; secondo il suo inventore, l'amico Fulvio Chiocchetti di Moena (TN), permettono un movimento naturale, semplice e completo, con posizione naturale del polso e appoggio più comodo della mano in spinta sull'impugnatura, con una maggiore stabilità ed equilibrio, una postura più corretta e riposante, angoli di spinta più favorevoli e un maggiore assorbimento delle vibrazioni. Si evita, inoltre e soprattutto, di dover trascorrere spesso dei mesi a insegnare agli allievi il movimento di chiusura-apertura-spinta a mano aperta sul lacciolo, movimento inevitabile da adottare se pratichiamo Nordic Walking usando bastoncini diritti; coi "curve" invece l'impugnatura è molto naturale e si può spingere correttamente coi bastoncini fin dal primo allenamento, iniziando normalmente con la mano chiusa che si apre automaticamente procedendo a spingere indietro.

I bastoncini dentro e sinistro sono diversi tra loro: sono "svirgolati" in modo speculare l'uno all'altro in modo da favorire il movimento di intrarotazione dell'avambraccio durante la spinta indietro della mano sul bastoncino, intrarotazione che, come si è visto, favorisce un appoggio molto più sicuro e saldo durante la spinta.

Per il movimento corretto è indispensabile che il sentiero su cui si cammina sia abbastanza piano, sono permesse discese e salite purché non troppo ripide e con un fondo abbastanza regolare; vi sono metodi di utilizzo del bastoncino specifici per la discesa (piegare le ginocchia, abbassare il bacino e aumentare il basculamento, camminando aderendo continuamente al terreno con morbidezza e "delicatezza", come se si stesse camminando scalzi) e la salita (spingere indietro con molta forza a ogni passo, che permette di salire come se si stesse procedendo "a 4 ruote motrici").

Si insegnano inoltre tecniche per usare i bastoncini anche in tratti di percorso più accidentati, che si possono incontrare nelle attività outdoor, e i "curve" rendono più facili questi passaggi rispetto ai bastoncini diritti.

Una recente evoluzione del Nordic Walking finalizzata a ottenere ancora maggiori benefici e benessere è quella dello "SmartWalk" ANI[197].

Lidia Mazzola, ideatrice dello SmartWalk

Lo SmartWalk è un cammino con due bastoncini a doppia curvatura, brevettati e denominati "Ergocurve 900 One Plus" (www.nwcurve.com). La doppia curvatura del bastoncino e l'intrarotazione delle impugnature facilitano il recupero e il consolidamento del proprio repertorio motorio del cammino e la speciale metodologia, definita "riprogrammazione posturale dinamica a cielo aperto", è stata ideata dalla Prof.ssa Lidia Mazzola, Chinesiologa, Presidente del Comitato scientifico della APS ANI Sport & Salute e componente, come il sottoscritto, della Commissione scientifica-didattica-formativa del Nordic Walking CNS Libertas.

Si tratta di un'attività motoria finalizzata al benessere, uno strumento di prevenzione e di mantenimento della salute psicofisica della persona, particolarmente indicato per soggetti che presentano difficoltà deambulatorie di origine muscoloscheletrica o neurologica, per gli anziani con normali disturbi di deambulazione dovuti all'età, per i sedentari che vogliono iniziare a camminare dopo anni trascorsi in poltrona, ma anche per tutti i camminatori che vogliono migliorare la loro andatura: attività semplice, all'aperto, efficace sia per soggetti fragili come per atleti, che consente di rendere più fluido e bilanciato il nostro cammino.

Secondo la sua creatrice, la Prof.ssa Lidia Mazzola, "lo SmartWalk è una tecnica di Nordic Walking Adattato. Ideato per i soggetti che presentano difficoltà deambulatorie, si è dimostrato un ottimo strumento, di prevenzione e di mantenimento della salute psicofisica della persona. L'andatura, simulando la grazia danzante e sinuosa tipica dei felini, si lascia guidare dalle catene miofasciali spiraliformi che avvolgono il nostro corpo. Ne consegue un cammino fluido, continuo e profondo, senza intoppi e senza scatti, simile al Tai Chi, che unisce una sorta di 'meditazione muscolare in movimento' ai benefici del Nordic Walking classico"

"SmartWalk" è un marchio registrato dall'Associazione di Promozione Sportiva (APS) ANI (Associazione Nordicfitness Italiana) Sport & Salute, che come ASD (Associazione Sportiva Dilettantistica) ANI fu la prima a importare il Nordic Walking in Italia nei primi anni 2000. Nel 2021 è stata rifondata per ottemperare ai nuovi requisiti del Terzo Settore; della nuova APS ANI Sport & Salute sono socio fondatore e consigliere nazionale.

Io, nel bosco

CONCLUSIONE

Mentre sto revisionando la stesura finale di questo libro, continuano a uscire articoli scientifici che dimostrano sempre meglio l'importanza delle piante per noi umani. Sulla rivista scientifica forse più famosa del Mondo, "The Lancet", è stato pubblicato online il 31 gennaio 2023 uno studio[198] realizzato tra Spagna, Italia e Regno Unito, effettuato in 93 grandi città europee (tra cui Roma, Napoli e Milano) nel quale si vede come il crescente riscaldamento delle città dovuto ai cambiamenti climatici provochi un aumento dei decessi, e in particolare nei 3 mesi di giugno, luglio e agosto 2015 il calore in quelle 93 città abbia causato ben 6.700 decessi in più. Se le chiome degli alberi avessero coperto il 30% dello spazio di quelle città, invece del 15% effettivo, avremmo avuto mezzo grado di temperatura media in meno e si sarebbe evitata la morte di oltre 3000 persone.

Tuttavia, continuiamo a sottovalutare tutti questi dati; siamo affetti da quella che il Professore spagnolo Paco Calvo[199] ha giustamente chiamato "cecità alle piante": non riusciamo a vederle, benché ci circondino, siano dovunque e ci diano la vita. Lo stesso Autore, riguardo all'intelligenza delle piante, suggerisce di sostituire il termine "materia grigia", tipico del Sistema Nervoso di noi animali, con quello di "materia verde": "materia pensante vegetale", che presenta una suggestiva analogia con la "Viriditas", la "Forza Verde" ipotizzata nel Medio Evo da Ildegarda di Bingen (vedi Cap. 1). Negli animali, che si muovono liberamente, gli impulsi elettrici vengono trasmessi dalle catene neuronali del Sistema nervoso centrale e dai nervi del Sistema nervoso periferico, che trasportano i segnali da un punto all'altro del loro corpo con velocità e precisione. Nelle piante, caratterizzate anch'esse, come abbiamo visto, da movimenti, ma molto più lenti e da reazioni più generalizzate all'ambiente, gli impulsi elettrici si diffondono tramite una struttura complessa paragonabile a una rete, di cui fanno parte i tessuti del sistema vascolare: lo xilema, che opera il trasporto della linfa grezza, acqua e nutrienti, dalle radici alle foglie e il floema, che trasporta gli zuccheri e altre molecole disciolte nei fluidi vegetali.

Oggi abbiamo evidenze scientifiche inequivocabili[200-213]: i potenziali d'azione vegetali sono una realtà della vita delle piante e i segnali vengono trasmessi sia attraverso impulsi elettrici sia attraverso molecole chimiche, proprio come accade nella trasmissione nervosa animale. Molecole quali GABA, glutammato, acetilcolina, istamina, catecolamine, setoronina, melatonina sono neurotrasmettitori negli animali e biomediatori nelle piante e la dopamina, neurotrasmettitore molto importante nei sistemi motivazionali e nei meccanismi di dipendenza dei mammiferi, è una sostanza di cui le piante sono ricche. Negli ultimi anni si sono sviluppate nuove branche della scienza quali la "neurobiologia vegetale"; c'è chi ha parlato di sensibilità, pensiero, coscienza vegetali e persino di personalità vegetale; chi ha posto domande quali: "che cosa si prova ad essere una pianta?" "Se utilizziamo principi etici nelle ricerche scientifiche con cavie animali, occorre stabilirne di simili anche nelle ricerche con le piante?"

Sappiamo che molti animali sono creature intelligenti e senzienti, come gli amici cani e come anche altri animali che non esitiamo, tuttavia, a uccidere per nutrirci, quali ad esempio i maiali o gli intelligentissimi polpi. Non sappiamo ancora abbastanza quanto siano intelligenti e senzienti le piante, sia come individui singoli, sia come un gruppo di alberi cresciuti assieme o addirittura come possa esserlo una grande foresta vergine...ma ci può essere utile Albert Schweitzer quando scrive[214] che "il grande errore di ogni etica è stato quello di credere di avere solo a che fare con le relazioni tra uomo e uomo: la questione, in realtà, è quale sia l'atteggiamento dell'uomo verso il mondo ed ogni tipo di vita che cade nel suo raggio d'azione....un uomo è etico solo se la vita come tale sia per lui sacra, tanto quella delle piante come quella dei suoi simili." Vogliamo cominciare a considerare gli alberi e i boschi come preziosi compagni di viaggio?

Una ricerca di scienziati della Stanford University, della University of California Berkeley e della Technische Universitat Berlin[215], pubblicata nel 2017 e intitolata "*100% clean and renewable Wind, Water, and Sunlight All-Sector Energy Roadmaps for 139 Countries of the World*", dimostra che è possibile trasformare completamente i sistemi energetici dei Paesi del Mondo e i conseguenti sistemi sociali ed economici, passando a usare solo energia proveniente dal sole, dal vento e dalle risorse idroelettriche, senza bruciare alberi e boschi come biomasse, false energie rinnovabili. Il cambiamento potrà essere completato entro il 2050, utilizzando tecnologie già note oggi e soddisfacendo nel 2050 una richiesta di energia pari a quella usata nel Mondo nel 2012, anno di riferimento dello studio.

Gli scienziati chiamano questo scenario "WWS" (*wind, water, sun*), completamente fatto di vere energie rinnovabili "a emissioni zero" (i motori, ad esempio, saranno elettrici o a idrogeno) unite al risparmio energetico, in contrapposizione allo scenario "BAU" (*business as usual*), nel quale invece, qualora noi proseguissimo con le stesse modalità di oggi, continuerebbero le emissioni e la richiesta di energia nel 2050 raddoppierebbe.

Energia idroelettrica: la cascata delle Marmore (TR)

Per questa rivoluzione mondiale, secondo gli scienziati occorrerebbe investire oltre centomila miliardi di dollari e si perderebbero oltre 20 milioni di posti di lavoro connessi alle energie fossili, ma ne creeremmo più di 50 milioni per costruire e gestire i nuovi sistemi energetici. Soprattutto, nello scenario WWS la concentrazione atmosferica della CO_2 si ridurrebbe dalle attuali 419,13 parti per milione (ppm) a circa 335 ppm nel 2100, mentre nello scenario BAU, come abbiamo già visto, potrebbe aumentare alla fine del secolo fino a circa 800 ppm, incompatibili con la sopravvivenza della nostra specie.

Sta quindi a noi decidere quale vogliamo che sia la soluzione del problema: smettere coi tagli di alberi, per i quali adduciamo le più svariate ragioni, a veder bene tutte finalizzate a mero guadagno di denaro e finalmente impegnarci a salvare in tutto il Mondo le piante affinché esse, come declamava Petronio Arbitro, salvino noi...oppure risolvere più radicalmente la questione, continuando a fare così come stiamo facendo, fino ad eliminare noi stessi con le nostre mani, lasciando che Gaia (nella mitologia greca, la personificazione della Terra che genera le razze divine), il Pianeta vivente, liberato dalla nostra presenza, ritrovi in pochi secoli il suo equilibrio.

Forse un adolescente che oggi legge questo libro, nel 2100 sarà un anziano ultra90enne che potrà vedere coi suoi occhi quali scelte saremo stati capaci di fare.

Sinceramente non so prevedere dove e che cosa sarò io nel 2100 ma personalmente immagino, anche in quella data, un Pianeta Terra ricco di alberi, persone e buona aria fresca e respirabile...

Gli Abeti di Douglas di Vallombrosa (FI), gli alberi più alti d'Italia (62,45 mt. nel 2016)

BIBLIOGRAFIA

1. Bell E.A., Boehnke P., Harrison T.M. and Mao W.L. (2015) *Potentially biogenic carbon preserved in a 4.1 billion-year-old zircon*. Proc Natl Acad Sci USA 2015 Nov 24;112(47):14518-21. DOI: 10.1073/pnas.1517557112

2. Morris JL et Al. (2018) *The timescale of early land plant evolution*. Proc Natl Acad Sci U S A. 2018 Mar 6;115(10): E2274-E2283. DOI: 10.1073/pnas.1719588115. Epub 2018 Feb 20. PMID: 29463716

3. Donoghue P. e Paps J. (2020) *Plants Evolution: Assembling Land Plants*. Curr Biol Jan 20; 30(2): R81-R83. DOI: 10.1016/j.cub.2019.11.084

4. Cavalier-Smith T. (2004) *Only six kingdoms of life*. Proc Biol Sci. 2004 Jun 22; 271(1545): 1251–1262. DOI: 10.1098/rspb.2004.2705

5. Ruggiero M.A. et Al. (2015) *Correction: A Higher Level Classification of All Living Organisms*. PLoS One 2015 Jun 11;10(6):e0130114. DOI: 10.1371/journal.pone.0130114 eCollection 2015

6. Kandel E. (2018) *The Disordered Mind: What Unusual Brains Tell Us About Ourselves*. New York: Farrar, Straus and Giroux (trad. it.: *La mente alterata. Cosa dicono di noi le anomalie del cervello*. Milano, Cortina) ISBN 978-0374287863

7. Corrieri U. (2022) *La creazione intersoggettiva della realtà in psicoterapia. Aspetti neuroscientifici*. In: Deutero, n. 0, 2022, pp. 60-80, Edizioni Scuola Romana di Psicoterapia Familiare, Roma.

8. Maturana H.R. (1996) *La realidad, objetiva o construida? (I) Fundamentos Biologicos del Conocimiento*. Anthropos, Barcellona. ISBN 978-8476589267

9. Edelman G. (2006) *Second Nature: Brain Science and Human Knowledge*. New Haven, Yale University Press (trad. it.: *Seconda natura. Scienza del cervello e conoscenza umana*. Milano, Cortina. 2007) ISBN 978-0444820648

10. Kandel E. (2005) *Psychiatry, Psychoanalysis, and the New Biology of Mind.* New York, American Psychiatric Publishing (trad. it.: *Psichiatria, Psicoanalisi e nuova biologia della mente.* Milano, Cortina, 2007) ISBN 978-1585621996

11. Morin E. (1990) *Introduction à la pensée complexe.* Paris: ESF. (trad. it.: *Introduzione al pensiero complesso.* Milano, Sperling & Kupfer, 1993) ISBN 978-2710108009

12. Orrock J. et Al (2017) *Induced defences in plants reduce herbivory by increasing cannibalism.* Nat Ecol Evol., 2017 Aug;1(8):1205-1207. DOI: 10.1038/s41559-017-0231-6.

13. Castells L. (2017) *Plants turn caterpillars into cannibals.* Nature. DOI: 10.1038/nature.2017.22281

14. Sachs J. (1864) *Wirkungen farbigen Lichts auf Pflanzen.* In: Botanische Zeitung, 47, 353-358

15. Baluška F. e Mancuso S. (2016) *Vision in Plants via Plant-Specific Ocelli?* Tr. in Pl. Sci., 21 (9), 727-730. DOI: 10.1016/j.tplants.2016.07.008

16. Gavelis G.L. et Al. (2015) *Eye-like ocelloids are built from different endosymbiotically acquired components.* Nature, 523, 204–207. DOI: 10.1038/nature14593

17. Mo M. et Al. (2015) *How and why do root apices sense light under the soil surface?* Front Plant Sci, 6 (775), 1-7. DOI: 10.3389/fpls.2015.00775

18. Haswell E.S. et Al. (2008) *Two MscS Homologs Provide Mechanosensitive Channel Activities in the Arabidopsis Root.* Curr Biol,18(10),730-4. DOI 10.1016/j.cub.2008.04.039

19. Creath K. e Schwartz G.E. (2004) *Measuring Effects of Music, Noise, and Healing Energy Using a Seed Germination Bioassay.* In: The Journal of Alternative and Complementary Medicine, 10 (1), pp. 113-122. DOI: 10.1089/107555304322849039

20. Jeong M.-J. et Al. (2008) *Plant gene responses to frequency-specific sound signals.* In: Molecular Breeding, 21, pp. 217-226. DOI: 10.1007/s11032007-9122-x

21. Cashmore A.R. (2003) *Cryptochromes: enabling plants and animals to determine circadian time.* In: Cell, vol. 114, pp. 537–543. DOI: 10.1016/j.cell.2003.08.004

22. Appel H.M. e Cocroft R.B. (2014) *Plants respond to leaf vibrations caused by insect herbivore chewing.* Oecologia, 175, 1257-66. DOI: 10.1007/s00442-014-2995-6

23. Gagliano M. et Al. (2017) *Tuned in: plant roots use sound to locate water.* Oecologia, 184(1), 151-160. DOI:10.1007/s00442-017-3862-z

24. Braam J. (2005) *In touch: plant responses to mechanical stimuli.* New Phytol, 165(2), 373-389. DOI:10.1111/j.1469-8137.2004.01263.x

25. Chamovitz D. (2012) *What a Plant Knows.* Farrar, Straus & Giroux, New York (trad. it: Quel che una pianta sa, Cortina, Milano, 2013) ISBN 978-0374537128

26. Runyon J.B. et Al. (2006) *Volatile Chemical Cues Guide Host Location and Host Selection by Parasitic Plants.* Science, 313 (5795). DOI: 10.1126/science.1131371

27. Zhang Y.T. et Al. (2015) *Proteomics of methyl jasmonate induced defense response in maize leaves against Asian corn borer.* BMC Genomics, 16:224. DOI 10.1186/s12864-015-1363-1

28. Wildon D.C. et Al. (1992) *Electrical signalling and systemic proteinase inhibitor induction in the wounded plant.* Nature, 360, 6399, 62–65 DOI: 10.1038/360062a029.

29. Mudrilov M. et Al. (2021) *Electrical Signaling of Plants under Abiotic Stressors: Transmission of Stimulus-Specific Information.* Int J Mol Sci, 22(19):10715. DOI: 10.3390/ijms221910715

30. Kiss J.Z. et Al. (1998) *Gravitropism and development of wild-type and starch-deficient mutants of Arabidopsis during spaceflight.* Physiologia Plantarum, 102 (4), 493-502. DOI: 10.1034/j.1399-3054.1998.1020403.x

31. Morita M.T. (2010) *Directional Gravity Sensing in Gravitropism.* Annu Rev Plant Biol, 61, 705-720. DOI: 10.1146/annurev.arplant.043008.092042

32. Thellier M. e Luttge U. (2012) *Plant memory: a tentative model.* Plant biology, 15 (1), 1-12. DOI: 10.1111/j.1438-8677.2012.00674.x

33. Trewavas A. (2017) *The foundations of plant intelligence.* Interface Focus, 7 (3), 1-18. DOI: 10.1098/rsfs.2016.0098

34. Bohm J. et Al. (2016) *The Venus Flytrap "Dionaea muscipula" Counts Prey-Induced Action Potentials to Induce Sodium Uptake.* Current Biology, 26, 286–295. DOI: 10.1016/j.cub.2015.11.057

35. Gagliano M. et Al. (2014) *Experience teaches plants to learn faster and forget slower in environments where it matters.* Oecologia, 175, 63–72. DOI: 10.1007/s00442-013-2873-7

36. Desbiez M.O. et Al. (1984) *Memorization and delayed expression of regulatory messages in plants.* Planta, 160, 392–399. DOI: 10.1007/BF00429754

37. Gruntman M. et Al. (2017) *Decision-making in plants under competition.* Nature Communications, 8 (2235),1-8. DOI: 10.1038/s41467-017-02147-2

38. Meyer S.E. et Al. (2014) *Indirect effects of an invasive annual grass on seed fates of two native perennial grass species.* Oechologia, 174 (4), 1401-1413. DOI: 10.1007/s00442-013-2868-4

39. Boss P.K. et Al. (2004) *Multiple pathways in the decision to flower: enabling, promoting, and resetting.* In: The Plant Cell,16 (Suppl):S18-31. DOI: 10.1105/tpc.015958

40. Topham A.T. et Al. (2017) *Temperature variability is integrated by a spatially embedded decision-making center to break dormancy in Arabidopsis seeds.* In: Proc Natl Acad Sci, Jun 20;114(25):6629-6634. DOI: 10.1073/pnas.1704745114

41. Puttonen E. et Al. (2016) *Quantification of Overnight Movement of Birch (Betula pendula) Branches and Foliage with Short Interval Terrestrial Laser Scanning.* Frontiers in Plant Science. DOI: 10.3389/fpls.2016.00222

42. Nasrallah J.B. (2002) *Recognition and Rejection of Self in Plant Reproduction.* Science, 296 (5566). DOI: 10.1126/science.296.5566.305

43. De Nettancourt D. (2001) *The basic features of Self-incompatibility*. In: Incompatibility and Incongruity in Wild and Cultivated Plants, Berlin-Heidelberg, Springer. ISBN 978-3662045022

44. Dudley S.A. e File A.L. (2007) *Kin recognition in an annual plant*. Biology Letters, 3, 435–438. DOI: 10.1098/rsbl.2007.0232

45. Torices R. et Al. (2018) *Kin discrimination allows plants to modify investment towards pollinator attraction*. Nat. Commun., (2018) 9. DOI: 10.1038/s41467-018-04378-3

46. Biedrzycki M.L. e Bais H.P. (2010) *Kin recognition in plants: a mysterious behaviour unsolved*. Journal of Experimental Botany, 61, 15, 4123–4128. DOI: 10.1093/jxb/erq250

47. Schob C. et Al. (2013) *Variability in functional traits mediates plant interactions along stress gradients*. Journal of Ecology, 101, 753–762. DOI: 10.1111/1365-2745.12062

48. Gagliano M. e Renton M. (2013) *Love thy neighbour: facilitation through an alternative signalling modality in plants*. BMC Ecology, 13, 19. DOI: 10.1186/1472-6785-13-19

49. Gianoli E. e Carrasco-Urra F. (2014) *Leaf Mimicry in a Climbing Plant Protects against Herbivory*. Current Biology, 24 (9), 984-987. DOI: 10.1016/j.cub.2014.03.010

50. Nowak D.J. et Al. (2013) *Modeled PM2.5 removal by trees in ten U.S. cities and associated health effects*. Environ Sci Technol 2013;178:395-402. DOI: 10.1016/j.envpol.2013.03.050

51. Stephenson N.L. et Al. (2014) *Rate of tree carbon accumulation increases continuously with tree size*. Nature 2014;507(7490):90-93. DOI: 10.1038/nature12914

52. Corrieri U. (2019) *Le biomasse legnose non sono vere energie rinnovabili e il loro uso causa gravi effetti sulla salute*. Epidemiol Prev 43(4):300-04. DOI: 10.19191/EP19.4.P300.081

53. Ulrich R.S. (1984) *View Through a Window May Influence Recovery from Surgery*. Science, 224, pp. 420-421. DOI: 10.1126/science.6143402

54. Berry LL et Al. (2004) *The Business Case for Better Buildings.* Front Health Serv Manage. Fall;21(1):3-24. PMID: 15469120

55. Nithianantharajah J. e Hannan A.J. (2006) *Enriched environments, experience -dependent plasticity and disorders of the Nervous System.* Nat Rev Neurosci. 7(9):697-709. DOI: 10.1038/nrn1970

56. Paban V. et Al. (2011) *Neurotrophic signaling molecules associated with cholinergic damage in young and aged rats: enviromental enrichment as potential therapeutic agent.* Neurobiol Aging. 32(3):470-85. DOI: 10.1016/j.neurobiolaging.2009.03.010

57. Ball N.J. et Al. (2019) *Enriched Environments as a Potential Treatment for Developmental Disorders: a Critical Assessment.* Front Psychol. Mar 6; 10:466. DOI: 10.3389/fpsyg.2019.00466

58. Joye Y. e Van der Bergh A.E. (2011) *Is Love for Green in Our Genes? A Critical Analisys.* Urban Forestry & Urban Greening, 10, (4), pp. 261-268 DOI: 10.1016/j.ufug.2011.07.004

59. Gesler W.M. (2003) *Healing Places.* Rowman & Littlefield, Oxford. ISBN 978-0742519565

60. Kaplan S. e Kaplan R. (2003) *Health, Supportive Environments and the Reasonable Person Model.* American Journal of Public Health, 93 (9), pp. 1484-1489. DOI: 10.2105/ajph.93.9.1484

61. Hoolbrook A. (2009) *The Green We Need. An Investigation of the Benefits of Green Life and Gree Spaces for Urban-Dwellers' Physical, Mental and Social Health.* University of Newcastle, Newcastle (Aus) ISBN: 9780980603 4-2-2

62. Keniger L.E. et Al. (2013) *What are the Benefits of Interacting with Nature?* International Journal of Enviromental Research and Public Health, 10, 3, pp. 913-935. DOI: 10.3390/ijerph10030913

63. Bateson G. (1979) *Mind and Nature. A necessary Unity.* Wildwood, London. ISBN 978-1572734340

64. Dentamaro I. et Al. (2011) *Valutazione del potenziale di tipologie distinte di spazi verdi urbani e periurbani.* Forest@, 8, pp. 162-178 DOI: 10.3832/efor0673-008

65. Kaplan S. (1995) *The Restorative Benefits of Nature. Towards an Integrative Framework.* Journal of Environmental Psychology, 15, pp. 169-182. DOI: 10.1016/0272-4944(95)90001-2

66. Inghilleri P. e Rainisio N. (2010) *I luoghi del benessere. I parchi tra strategie cognitive ed empowerment territoriale.* In: Paesaggi, Cisalpino Editore, Milano, pp. 219-250 ISBN 978-8820510022

67. Stigsdotter U.K. et Al. (2010) *Health Promoting Outdoor Environment. Association Between Green Space and Health, Health–related Quality of Life and Stress Based on a Danish National Representative Survey.* Scand J Public Health. 38 (4) 411-417. DOI: 10.1177/1403494810367468

68. Wolf K.L. et Al. (2020) *Urban Trees and Human Health: A Scoping Review* Int J Environ Res Public Health, 2020 Jun 18;17(12):4371. DOI: 10.3390/ijerph17124371

69. Taylor M.S. et. Al. (2015) *Urban Street Tree Density and Antidepressant Prescription Rates: a Cross-sectional Study in London. UK.* Landscape and Urban Planning, 136. DOI: 10.1016/j.landurbplan.2014.12.005

70. Takano T. et Al. (2002) *Urban Residential Environment and Senior Citizen's Longevity in Megacity Area: The Importance of Walkable Green Spaces.* J Epidemiol Community Health, 35, 10. DOI: 10.1136/jech.56.12.913

71. Kardan O. et Al. (2015) *Neighbourhood Greenspace and Health in a Large Urban Center.* Scientific Reports, Science, July 2015, 5(1):11610. DOI: 10.1038/srep11610

72. White M.P. et Al. (2013) *Would You be Happier Living in a Greener Urban Area? A fixed-effects Analisys of Panel Data.* Psychological Science, 24,6,2013. DOI: 10.1177/0956797612464659

73. Kuo F.E. e Sullivan W.C. (2001) *Environment and Crime in the Inner City. Does Vegetation Reduce Crime?* Environment and Behavior, 33 (3), pp. 343, 367. DOI: 10.1177/00139160121973025

74. Donovan G.H. et Al. (2013) *The Relationship between Trees and Human Health: Evidence from the Spread of the Emerald Ash Borer.* Am J Prev Med, 44, 2. DOI: 10.1016/j.amepre.2012.09.066

75. Buckley R. et Al (2019) *Economic value of protected areas via visitor mental health.* Nat. Commun, 10, 5005. DOI:10.1038/s41467-019-12631-6

76. Song C. et Al. (2018) *Physiological effects of visual stimulation with forest imagery.* Int. J. Environ. Res. Public Health, 15. DOI: 10.3390/ijerph15020213

77. Van den Berg A. E. et Al. (2016) *Why viewing nature is more fascinating and restorative than viewing buildings: A closer look at perceived complexity.* Urban For. Urban Green, 20, 397–401. DOI:10.1016/j.ufug.2016.10.011

78. Song C. et Al (2015) *Elucidation of a physiological adjustment effect in a forest environment: A pilot study.* Int. J. Environ. Res. Public Health, 12, 4247–4255. DOI:10.3390/ijerph120404247

79. Ochiai H. et Al. (2015) *Physiological and psychological effects of a forest therapy program on middle-aged females.* Int. J. Environ. Res. Public Health, 12, 15222–15232. DOI:10.3390/ijerph121214984

80. Park B. J. at Al. (2010) *The physiological effects of Shinrin-yoku (ta-king in the forest atmosphere or forest bathing): Evidence from field experiments in 24 forests across Japan.* Environ. Health Prev. Med., 15, 18–26. DOI:10.1007/s12199-009-0086-9

81. Yu C. P. et Al. (2017) *Effects of short forest bathing program on autonomic nervous system activity and mood states in middle-aged and elderly individuals.* Int. J. Environ. Res. Public Health, 14. DOI:10.3390/ijerph14080897

82. Ikei H. et Al. (2017) *Physiological effects of touching coated wood.* Int.J. Environ. Res. Pub. Health, 14 (7), 773. DOI: 10.3390/ijerph14070773

83. Ohtsuka K. et Al. (1998) *Shinrin-yoku (forest-air bathing and walking) effectively decreases blood glucose levels in diabetic patients.* In: Int J Biometeorol, 41 (3), p.125-127. DOI: 10.1007/s004840050064

84. Karnati H.K. et Al. (2017) *Adiponectin as a Potential Therapeutic Target for Prostate Cancer.* Curr Pharm Des, 23, 28 , 4170-79. DOI: 10.2174/1381612823666170208123553

85. Otani K. et Al. (2017) *Adiponectin and colorectal cancer.* Surgery Today. 47, 151–158. DOI: 10.1007/s00595-016-1334-4

86. Bjornerem A. et Al. (2004) *Endogenous Sex Hormones in Relation to Age, Sex, Lifestyle Factors, and Chronic Diseases in a General Population: The Tromsø Study.* J Clin Endocrinol Metab, 89 (12), 6039-6047. DOI: 10.1210/jc.2004-0735

87. Ochiai H. et Al. (2015) *Physiological and psychological effects of a forest therapy program on middle-aged females.* Int. J. Environ. Res. Public Health, 12, 15222–15232. DOI:10.3390/ijerph121214984

88. Park B. J. at Al. (2010) *The physiological effects of Shinrin-yoku (taking in the forest atmosphere or forest bathing): Evidence from field experiments in 24 forests across Japan.* Environ. Health Prev. Med., 15, 18–26. DOI: 10.1007/s12199-009-0086-9

89. Yu C. P. et Al. (2017) *Effects of short forest bathing program on autonomic nervous system activity and mood states in middle-aged and elderly individuals.* Int. J. Environ. Res. Public Health, 14. DOI: 10.3390/ijerph14080897

90. Kim H. et Al. (2019) *An exploratory study on the effects of forest therapy on sleep quality in patients with gastrointestinal tract cancers.* Int. J. Environ. Res. Public Health, 16. DOI: 10.3390/ijerph16142449

91. Li Q. (2010) *Effect of forest bathing trips on human immune function.* Environmental Health and Preventive Medicine, 15: 9-17. DOI: 10.1007/s12199-008-0068-3

92. Li Q. et Al. (2008) *A forest bathing trip increases human natural killer activity and expression of anti-cancer proteins in female subjects.* J Biol Regul Homeost Agents, 2008-01, Vol.22 (1), p.45-55. PMID: 18394317

93. Li Q. et Al. (2007) *Forest Bathing Enhances Human Natural Killer Activity and Expression of Anti-Cancer Proteins.* Int J Immunopathol Pharmacol., 2007-04, Vol.20 (2), p.3-8. DOI: 10.1177/03946320070200S202

94. Li Q. et Al. (2010) *A day trip to a forest park increases human natural killer activity and the expression of anti-cancer proteins in male subjects*. J Biol Regul Homeost Agents, Apr-Jun 2010;24(2):157-65. PMID: 20487629

95. Imai K. et Al. (2000) *Natural cytotoxic activity of peripheral-blood lymphocytes and cancer incidence: an 11-year follow-up study of a general population*. in: The Lancet, 2000, Vol.356 (9244), p.1795-1799. DOI: 10.1016/S0140-6736(00)03231-1

96. Kim B. J. et Al. (2015) *Forest adjuvant anti-cancer therapy to enhance natural cytotoxicity in urban women with breast cancer: A preliminary prospective interventional study*. Eur. J. Integr. Med., 7, 474–478. DOI: 10.1016/j.eujim.2015.06.004

97. LI Q. et Al. (2008) *Relationships Between Percentage of Forest Coverage and Standardized Mortality Ratios (SMR) of Cancers in all Prefectures in Japan*. Open Public Health J, 1, 1-7. DOI: 10.2174/1874944500801010001

98. Li Q. et Al. (2006) *Phytoncides (wood essential oils) induce human natural killer cell activity*. Immunoph. Immonotox. 28, 319-333. DOI: 10.1080/08923970600809439

99. Mao G. et Al. (2017) *The salutary influence of forest bathing on elderly patients with chronic heart failure*. J. Env. Res Pub. Health, 31, 14(4). DOI: 10.3390/ijerph14040368

100. Mao G. et Al. (2018) *Additive benefits of twice forest bathing trips in elderly patients with chronic heart failure*. Biomed Environ Sci, 25(3), 317-14. DOI: 10.3967/bes2018.020

101. Li Q. et Al. (2011) *Acute effects of walking in forest environments on cardiovascular and metabolic parameters*. Eur J Appl Physiol, 111(11), 2845-53. DOI: 10.1007/s00421-011-1918-z

102. Jia B.B. et Al. (2016) *Health effects of forest bathing trip on elderly patients with Chronic Obstructive Pulmonary Diseases*. Biomed Environ Sci, 29(3), 212-8. DOI: 10.3967/bes2016.026

103. Ohtsuka Y. et Al. (1998) *Shinrin Yoku effectively decreases blood glucose levels in diabetic patients*. Int. J. Biometeorology, 41 (3), 125-7. DOI: 10.1007/s004840050064

104. Mao G. et Al. (2012) *Therapeutic effects of forest bathing on human hypertension in the elderly.* J. Cardiol., 60(6), 405-502. DOI: 10.1016/j.jjcc.2012.08.003

105. Mao G. et Al. (2017) *The salutary influence of forest bathing on elderly patients with chronic heart failure.* Int J Envirion Res Public Health, 31; 14(4). DOI: 10.3390/ijerph14040368

106. Seo S.C. et Al (2015) *Clinical and Immunological Effects of a Forest Trip in Children with Asthma and Atopic Dermatitis.* Iran J Allergy Asthma Immunol. 14 (1), 28-36. PMID: 25530136

107. Chun M. H. et Al. (2017) *The effects of forest therapy on depression and anxiety in patients with chronic stroke.* Int. J. Neurosci., 127, 199–203. DOI:10.3109/00207454.2016.1170015

108. Kotera Y. (2020) *Effects of shinrin-yoku (forest bathing) and nature therapy on mental health: A systematic review and meta-analysis.* Int. J. Ment. Health Addict. DOI:10.13140/RG.2.2.12423.21920

109. Morita E. et Al. (2007) *Psychological effects of forest environments on healthy adults: Shinrin-yoku (forest-air bathing, walking) as a possible method of stress reduction.* Public Health, 121, 54–63. DOI: 10.1016/j.puhe.2006.05.024

110. Lee I. et Al. (2017) *Effects of forest therapy on depressive symptoms among adults: A systematic review.* Int. J. Environ. Res. Public Health, 14. DOI: 10.3390/ijerph14030321

111. Furuyashiki A. et Al. (2019) *A comparative study of the physiological and psychological effects of forest bathing (Shinrin-yoku) on working age people with and without depressive tendencies.* Environ. Health Prev. Med., 24, 46. DOI: 10.1186/s12199-019-0800-1

112. Shin Y. K. et Al. (2013) *Differences of psychological effects between meditative and athletic walking in a forest and gymnasium.* Scand. J. For. Res., 28, 64–72. DOI: 10.1080/02827581.2012.706634

113. Oh B. et Al. (2017) *Health and well-being benefits of spending time in forests: Systematic review.* Environ. Health Prev. Med., 22, 71. DOI: 10.1186/s12199-017-0677-9

114. Bielinis E. et Al. (2019) *The Effects of a Short Forest Recreation Program on Physiol. and Psychol. Relaxation in Young Polish Adults.* Forests, 10, 34. DOI: 10.3390/f10010034

115. Barton J. e Pretty J. (2010) *What is the best dose of nature and green exercise for improving mental health - a multy study analysis.* J Environ Sci Technol., 44, Vol. 10, pp. 3947-3955. DOI: 10.1021/es903183r

116. Hassan A. et Al. (2018) *Effects of Walking in Bamboo Forest and City Environments on Brainwave Activity in Young Adults.* Evidence-Based Complement. Altern. Med., 2018, 1–9. DOI: 10.1155/2018/9653857

117. Chen Z. et Al. (2020) *Attention restoration during environmental exposure via alpha-theta oscillations and synchronization.* J. Environ. Psychol., 68, 101406. DOI: 10.1016/j.jenvp.2020.101406

118. Choe E. Y. et Al. (2020) *Simulated natural environments bolster the effectiveness of a mindful-ness programme: A comparison with a relaxation-based intervention.* J. Environ. Psychol., 67, 101382. DOI: 10.1016/j.jenvp.2019.101382

119. Berman M.G. et Al. (2008) *The cognitive benefits of interacting with nature.* Psychological Science, 19, 12. DOI: 10.1111/j.1467-9280.2008.02225.x

120. Bratman G.N. (2015) *Nature experience reduces rumination and subgenual prefrontal cortex activation.* Proceedings of the National Academy of Sciences, 112. DOI: 10.1073/pnas.1510459112

121. Atchley R.A. et Al. (2012) *Improving creative reasoning through immersion in natural settings.* PLOS ONE, 7,12. DOI: 10.1371/journal.pone.0051474

122. Zhang J.V. et Al. (2013) *An occasion for unselfing: Beautiful Nature leads to prosociality.* J. Env. Psychology, 37. DOI: 10.1016/j.jenvp.2013.11.008

123. Piff P.K. (2015) *Awe, the small self and prosocial behaviour.* J Pers Soc Psychol., 2015 Jun;108(6):883-99. DOI: 10.1037/pspi0000018

124. Weinstein N. et Al. (2009) *Can Nature make us more caring? Effects of immersion in Nature on intrinsic aspiration and generosity.* Pers Soc Psychol Bull, Oct;35(10):1315-29. DOI: 10.1177/0146167209341649

125. Fromm E. (1964) *The Heart of Man. Its Genius for Good and Evil.* Ruth Nanda Anshen, N.Y. (trad.it.: *Il Cuore dell'Uomo - La Sua Disposizione al Bene e al Male.* G. Carabba Editore, Roma, 1965)

126. Wilson E.O. (1984) *Biofilia.* Harvard College by arrangement with Harvard University Press, Cambridge, Massachusetts, USA. ISBN 978-0674074422

127. Barbiero B. (2016) *Introduzione alla Biofilia.* Carocci editore, Roma. ISBN 978-8843082803

128. Li Q. et Al. (2006) *Phytoncides (Wood Essential Oils) Induce Human Natural Killer Cell Activity.* Immunopharmacol Immunotoxicol, 2006; 28(2):319-33. DOI: 10.1080/08923970600809439

129. Li Q. (2010) *Effect of Forest Bathing Trips on Human Immune Function.* Environ Health Prev Med, 15, pp. 9-17. DOI: 10.1007/s12199-008-0068-3

130. Street R.A. et Al. (1997) *Effects of habitat and age on variations in VOC emissions from Quercus ilex and Pinus pinea.* Atmospheric environment, 31 (suppl. 1), pp. 89-100. DOI: 10.1016/S1352-2310(97)00077-0

131. Owen S. et Al. (1997) *Screening of 18 Mediterranean Plants Species for VOC emissions.* Atmospheric environment, 31, (suppl. 1), pp. 101-117. DOI: 10.1016/S1352-2310(97)00078-2

132. Karl M. et Al. (2009) *A New European Plant-specific Emission Inventory of Biogenic VOC for use in Atmospheric Transport Models.* Biogeosciences, 6, pp. 1059-1087. DOI: 10.5194/bg-6-1059-2009

133. Cheng W.W. et Al. (2009) *Neuropharmacological activities of Phytoncide released from Criptomeria japonica.* J. Wood. Sci., 55, 27-31. DOI: 10.1007/s10086-008-0984-2

134. Chen C.J. et Al. (2012) *Neuropharmacological activities of fruit essential oil from Litsea cubeba (Lour) Persoon.* J. Wood. Sci. 58, 538-543. DOI: 10.1007/s10086-012-1277-3

135. Chen S.T. et Al. (2015) *Effect of hinoki and menihi essential oils on human autonomic nervous system activity and mood states.* Natural Product Communications 2015 Jul;10(7):1305-8 PMID: 26411036

136. Kunnen W. et Al., Nieri M. (a cura di) (2102) *Il corpo energetico dell'uomo e la biosfera secondo Walter Kunnen. L'approccio energetico in biologia e medicina, magnetoterapia e antenna Lecher.* Andromeda, Roma. ISBN 978-8866750321

137. Burr H.S. (1972) *Blueprint for Immortality. The electric pattern of Life.* Sperman, London. ISBN 978-0854352814

138. Gerber R. (1988) *Vibrational medicine. New choices for healing ourselves.* B.& Co., Santa Fe (NM, USA). ISBN 978-0939680467

139. Frolich H. (1988) *Biological Coherence and Response to External Stimuli,* Heideberg, Springer. ISBN 978-3-642-73309-3

140. Smith C.W. e Best S. (1989) *Electromagnetic man. Health and hazard in the electrical environment.* Book News, Inc. Portland, Oregon, USA. ISBN 978-0460046985

141. Bellavite P. (1998) *Biodinamica. Basi fisiopatologiche e tracce di metodo per una medicina integrata.* Tecniche nuove, Milano. ISBN 978-8848105750

142. Nieri M. (2009) *Bioenergetic Landscape. La progettazione del giardino Terapeutico Bioenergetico.* Sistemi editoriali, Napoli. ISBN 978-8851305765

143. Droscher V.B. (1968) *Magia dei sensi nel mondo animale.* Feltrinelli, Milano

144. Choy R. et Al. (1987) *Electrical Sensitivities in Allergy Patients.* Clinical Ecology, 1987, 4 (3), pp. 93-102

145. Rajda V. (1992) *Electro-diagnostics of the health of oak trees.* CSAV, Brno

146. Goodman E.M. et. Al. (1995) *Effects of Electromagnetic Fields on Molecules and Cells.* International Review of Citology, 1995, 158, pp. 279-339. DOI: 10.1016/s0074-7696(08)62489-4

147. Backster C. (2003) *Primary Perception: Biocommunication with plants, living foods and human cells.* White Rose Millenium Press, Anza (CA, USA) ISBN 978-0966435436

148. Mancuso S. e Viola A. (2013) *Verde Brillante. Sensibilità e intelligenza del mondo vegetale.* Giunti, Firenze. ISBN: 978-8809811096

149. Weaver J.C. e Astumian R.D. (1990) *The Response of Living Cells to Very Weak Electric Fields. The Termal Noise Limit.* Science, 247, pp. 459-462. DOI: 10.1126/science.2300806

150. Nieri M. (2010) *Bioenergetic Landscapes, an innovative technique to create effective 'Healing Gardens' utilizing the beneficial electromagnetic properties of plants.* ISHS Acta Horticulturae, 881, pp. 859-862. DOI: 10.17660/ActaHortic.2010.881.143

151. Ananda G. (2016) *L'elettromagnetismo nel prisma dell'antenna Lecher.* AltroMondo Editore, Vicenza. ISBN 8899658293

152. Korotkov K.G. (1995) *Kirlian Effect.* Olga Publishing House, San Pietroburgo, Russia. ISBN 5860930119

153. Korotkov K.G. (2002) *Human Energy Field. Study With GDV Bioelectrography.* Backbone Pub., Lancaster, UK ISBN 096443119X

154. Debertolis P. e Gullà D. (2015) *Anthropological analisys of human body emission using new photographic technologies, Proceedings in Scientific Conference.* 3° International Virtual Conference in Advanced Scientific Results (SCIECONF-2015) 3 (1), pp.162-168 ISBN 978-8055410593

155. Tsubouchi S. et Al. (2018) *Fluctuations in Human Bioenergy during the Day as Observed from the Evoked Photon.* Health, 2018, 10, 1309-1320. DOI: 10.4236/health.2018.1010101

156. Sonntag-Ostrom E. et Al. (2015) *Can rehabilitation in boreal forest help recovery from exhaustion disorder?* Scandinavian Journal of Forest Research, 30:8, 732-748. DOI: 10.1080/02827581.2015.1046482

157. Sonntag-Ostrom E. et Al. (2015a) *Nature's effect on my mind- patients' qualitative experiences of a forest-based rehabilitation programme.* Urban Forestry & Urban Greening, 14, 607-614. DOI:10.1016/j.ufug.2015.06.002

158. Cornell J.B. (2022) *Flow Learning: Opening Heart and Spirit Through Nature* Crystal Clarity Pub Commerce CA, USA. ISBN 978-1565890954

159. Dzambov A.M. et Al. (2014) *Association between residential greeness and birth wheight: Systematic review and meta-analysis.* Urban Forestry & Urban Greening, 13(4), 621-629. DOI: 10.1016/j.ufug.2014.09.004

160. Marchevych I. et Al. (2014) *Access to urban green spaces and behavioural problems in children. Result from the GINIplus and LISAplus studies.* Environ Int., 2014 Oct;71, 29-35. DOI: 10.1016/j.envint.2014.06.002

161. Dadvand P. et Al. (2018) *The association between lifelong greenspace exposure and 3-dimensional Brain Magnetic Resonance Imaging in Barcelona school children.* Environ Health Perspectives, 2018 Feb 23;126(2), 027012. DOI: 10.1289/EHP1876

162. De Keijzer C. et Al. (2016) *Long-term Green Space Exposure and Cognition across the Life Course: a Systematic Review.* Curr Environ Health Rep, 2016 Dec;3(4):468-477. DOI: 10.1007/s40572-016-0116-x

163. Gascon L. et Al. (2015) *Mental Health Benefits of Long Term Exposure to Residential Green and Blue Spaces: A Systematic Review.* Int J Environ Res Public Health, 12(4), 4354-4379. DOI: 10.3390/ijerph120404354

164. Gascon M. et Al. (2016) *Residential green spaces and mortality: a systematic review.* Enviro Int, 86, 60-67. DOI: 10.1016/j.envint.2015.10.013

165. Davis P.E.D. et Al. (2023) *Suppressed basal melting in the eastern Thwaites Glacier grounding zone.* Nature, 2023 Feb;614(7948):479-485. DOI: 10.1038/s41586-022-05586-0 Epub 2023 Feb 15

166. Schmidt B.E. et Al. (2023) *Heterogeneous melting near the Thwaites Glacier grounding line.* Nature, 2023 Feb;614(7948):471-478. DOI: 10.1038/s41586-022-05691-0 Epub 2023 Feb 15

167. Ruggiero L. et Al. (2023) *Antarctic permafrost degassing in Taylor Valley by extensive soil gas investigation.* Science of The Total Environment, Vol. 866, 2023,161345. DOI: 10.1016/j.scitotenv.2022.161345

168. Lewis S.L. et Al. (2019) *Restoring natural forests is the best way to remove atmospheric carbon.* Nature, 568 (7750), 25-28. DOI: 10.1038/d41586-019-01026-8

169. Bastin J.F. et Al. (2019) *The global tree restoration potential.* Science, 5, 365 (6448), 76-79. DOI: 10.1126/science.aax0848

170. Crowther T.W. et Al. (2015) *Mapping tree density at a global scale.* Nature Sep 10;525(7568): 201-5. DOI: 10.1038/nature14967 Epub 2015 Sep 2

171. Potapov P. et Al. (2017) *The last frontiers of wilderness: Tracking loss of intact forest landscapes from 2000 to 2013.* Sci. Adv. 2017 Jan 13;3(1):e1600821. DOI: 10.1126/sciadv.1600821

172. Ceccherini G. et Al. (2020) *Abrupt increase in harvested forest area over Europe after 2015.* Nature Jul;583(7814):72-77. DOI: 10.1038/s41586-020-2438-y

173. Jonas A. e Haneder H. (2001): Energie aus Holz. 8. überarb. Auflage, NÖ LWK , St. Pölten, Austria.

174. Crouse D.L. et Al. (2010) *Postmenopausal breast cancer is associated with exposure to traffic-related air pollution in Montreal, Canada: a case control study.* Env Heal Persp 118(11):1578-83 DOI:10.1289/ehp.1002221

175. Searchinger T.D. et Al. (2018) *Europe's renewable energy directive poised to harm global forests.* Nat Commun., 2018 Sep 12;9(1):3741. DOI 10.1038/s41467-018-06175-4

176. Norton M. et al. (2019) *Serious mismatches continue between science and policy in forest bioenergy.* GCB Bioenergy 2019;11:1256–1263. DOI: 10.1111/gcbb.12643

177. Pimentel D et Al. (1981) *Biomass energy from crop and forest residues.* Science;212(4499):1110-15. DOI: 10.1126/science.212.4499.1110

178. Smil V. (1983) *Biomass Energies.* Plenum Press, New York ISBN 978-1461336938

179. Smil V. (2005) *Energy at the crossroads: Global perspectives and uncertainties.* Cambridge (MA, USA), MIT press. ISBN 978-0262693240

180. Smil V. (2010) *Energy Transitions: History, Requirements, Prospects.* Santa Barbara (California), Praeger. ISBN 978-0313381775

181. Smil V. (2010) *Power Density Primer: Understanding the Spatial Dimension of the Unfolding Transition to Renewable Electricity Generation* (Part I – Definitions). Disponibile all'indirizzo *http://www.vaclavsmil.com/wp-content/uploads/docs/smil-article-power-density-primer.pdf*

182. Smil V. (2018) *Energy and Civilization: A History.* Cambridge (Massachusetts), MIT press. ISBN 978-0262536165

183. Freiberg A et Al. (2018) *The Use of Biomass for Electricity Generation: A Scoping Review of Health Effects on Humans in Residential and Occupational Settings.* Int J Environ Res Public Health. Feb 16;15(2). DOI: 10.3390/ijerph15020354

184. Basinas, I. et Al. (2012) *Sensitisation to common allergens and respiratory symptoms in endotoxin exposed workers: A pooled analysis.* Occup. Environ. Med., 69, 99–106. DOI: 10.1136/oem.2011.065169

185. Schlunssen, V. et Al. (2011) *Does the use of biofuels affect respiratory health among male Danish energy plant workers?* Occup. Environ. Med., 68, 467–473. DOI: 10.1136/oem.2009.054403

186. Jumpponen M. et Al. (2013) *Occupational exposure to gases, polycyclic aromatic hydrocarbons and volatile organic compounds in biomass-fired power plants.* Chemosphere, 90, 1289–1293. DOI: 10.1016/j.chemosphere.2012.10.001

187. Jumpponen M. et Al. (2014) *Occupational exposure to solid chemical agents in biomass-fired power plants and associated health effects.* Chemosphere, 104, 25–31. DOI: 10.1016/j.chemosphere.2013.10.025

188. Juntarawijit C. (2013) *Biomass power plants and health problems among nearby residents: A case study in Thailand.* Int. J. Occup. Med. Environ. Health, 26, 813–821. DOI: 10.2478/s13382-013-0142-y

189. Sovacool B.K. et Al. (2015) *Profiling technological failure and disaster in the energy sector: A comparative analysis of historical energy accidents.* Energy, 90, 2016–2027. DOI: 10.1016/j.energy.2015.07.043

190. Zheng Y. et Al. (2014) *Change in airway inflammatory markers in Danish energy plant workers during a working week.* Ann. Agric. Environ. Med., 21, 534–540. DOI: 10.5604/12321966.1120597

191. Ripley S. et Al. (2022) *Predicting Spatial Variations in Multiple Measures of $PM_{2.5}$ Oxidative Potential and Magnetite Nanoparticles in Toronto and Montreal, Canada.* Environ Sci Technol, Jun 7;56(11):7256-7265. DOI: 10.1021/acs.est.1c05364

192. Ordnance Survey (2018) *5 G Planning – Geospatial considerations. A guide for planners and local authorities.* Ordnance Survey, UK

193. Kemp L. et Al. (2022) *Climate Endgame: Exploring catastrophic climate change scenarios.* PNAS, 119 (34) e2108146119. DOI: 10.1073/pnas.2108146119

194. Papa Francesco (Jorge Maria Bergoglio) (2015) *Laudato SI.* San Paolo Edizioni, Cinisello Balsamo (MI). ISBN 978-8831545969

195. Holmann W. e Hettinger T. (2002) *Sportmedizin,* Schattauer, Stuttgart. ISBN 3794516729

196. Wilhelm A., Neureuther C., Mittermaier R. (2006) *Nordic Walking Praxisbuch,* Knaur Nachf. Gmbh & Co. KG, Munich ISBN 978-8479027643

197. Lidia M., Alfano A., Corrieri U. (2022) *Smart Walk, la riprogrammazione posturale a cielo aperto.* Edizioni A.N.I., Saludecio (RN)

198. Iungman T. et Al. (2023) *Cooling cities through urban green infrastructure: a health impact assessment of European cities.* The Lancet, 2023 Jan 31; S0140-6736(22)02585-5. DOI: 10.1016/S0140-6736(22)02585-5

199. Calvo P. (2022) Planta Sapiens. The Bridge Street Press, UK. ISBN 978-8842831792

200. Shepherd V.A. (2005) *From semi-conductors to the rhythms of sensitive plants: the research of J.C. Bose.* In: Cell. and Mol. Biol., 51, pp. 607-619. PMID: 16359611

201. Volkov A. G. (2006) *Plant Electrophysiology.* Springer, Berlin. ISBN: 978-3540378433

202. Stahlberg R. et Al. (2006) *Slow Wave Potentials – a Propagating Electrical Signal Unique to Higher Plants*. In: Communication in Plants: Neuronal aspects of plants life. Springer, New York. DOI: 10.1007/978-3-540-28516-8_20

203. Brenner E.D. et Al (2006) *Plant Neurobiology: an integrated view of plants signaling.*Trends Plant Sci., 11, pp. 1380-1386. DOI: 10.1016/j.tplants.2006.06.009

204. Fromm J. e Lautner S. (2007) *Electrical Signals and their physiological significance in plants*. In: Plants, Cell & Environment, 30, pp. 249-257. DOI: 10.1111/j.1365-3040.2006.01614.x

205. Forde B.G. E Lea P.J. (2007) *Glutamate in plants: metabolism, regulation, and signalling.* J Exp Botany, 58, pp. 2339-2358. DOI: 10.1093/jxb/erm121

206. Baluska F. (2010) *Recent surprising similarities between plants cells and neurons.* In: Plants Signaling & Behavior, 5, pp. 87-89. DOI: 10.4161/psb.5.2.11237

207. Sousa G.M. et Al. (2017) *Plant "electrome" can be pushed toward a self-organized critical state by external cues*. In: Plants Signaling & Behavior, 1, e1290040. DOI: 10.1080/15592324.2017.1290040

208. Toyota M. et Al. (2018) *Glutamate triggers long-distance calcium-based plants defense signalling*. Science, 361, pp. 1112-1115. DOI: 10.1126/science.aat7744

209. Ramakrishna A. e Roshchina V.V. (2019) *Neurotransmitters in Plants: Perpectives and Applications*. Taylor and Francis, Boca Raton, Florida DOI: 10.1201/b22467

210. Morrens J. et Al. (2020) *Cue-evoked Dopamine Promotes Conditioned Responding during Learning*. In: Neuron, 106, pp. 142-153. DOI: 10.1016/j.neuron.2020.01.012

211. Mallat J. et Al. (2020) *Debunking a Myth: Plant Consciousness*. In: Protoplasma, 2021, 258, pp. 459-476. DOI: 10.1007/s00709-020-01579-w

212. Klejchova M. et Al. (2021) *Membrane voltage as a dynamic platform for spatio-temporal signalling, physiologicval and developmental regulatio*n. Plant Physiol, Apr 23;185(4):1523-1541. DOI: 10.1093/plphys/kiab032

213. Li J.H. et Al. (2021) *Plant electrical signals: a multidisciplinary challenge.* J Plant Physiology, Jun;261:153418. DOI: 10.1016/j.jplph.2021.153418

214. Schweitzer A. (2002) *La melodia del rispetto per la vita.* Edizioni San Paolo, Cinisello Balsamo (MI). ISBN 978-8821546464

215. Jacobson M.Z. et Al. (2017) *100% Clean and Renewable Wind, Water, and Sunlight (WWS) All-Sector Energy Roadmaps for 139 Countries of the World.* Joule 1, 108–121, Sept 6, 2017. DOI: 10.1016/j.joule.2017.07.005

www.ingramcontent.com/pod-product-compliance
Lightning Source LLC
Chambersburg PA
CBHW060408220326
41598CB00023B/3056